햇빛도 때로는 독이다

햇빛도 때로는 독이다

생활 속 화학물질로부터 건강을 지키는 법

HOW TO PROTECT
YOUR HEALTH
FROM CHEMICALS

박은정 지음

경희대학교 출판문화원

추천의 글

이 세상에 존재하는 모든 물질은 독이 될 수 있다. 우리가 독을 알아야 하는 이유다. 나노독성학의 대가 박은정 교수는 일상의 수많은 화학물질의 독성에 대해 쉬운 언어로 우리가 알아야 할 내용만 조목조목 이야기해준다. 라돈 침대, 발암물질 생리대, 미세플라스틱, 가습기살균제, 미세먼지 등으로부터 자신과 가족을 안전하게 지키고 싶은 사람이라면 꼭 읽어야 할 책이다.

—— **김상욱 경희대학교 물리학과 교수, 『떨림과 울림』 저자**

"독성 분야 세계 1% 고수가 세상을 구하는 법, 그녀의 머릿속이 나는 늘 궁금했다."

못 말리는 책 중독자이지만 함부로 책을 들이지는 않는다. 책날개에 있는 저자 소개를 나름 깐깐하게 읽으며 진짜 전문가인지, 어떤 마음으로 쓴 책인지 저울질하는 편이다. 그런데 이 책은 주기율표도 가물거리는 화학 알못임에도 저자 이름 석 자만으로 그저 널리 알리고 싶다. 저자는 이제까지 방송에서 만났던 800여 명 중에서도 알수록 경이로운 전문가였다. 더 나은 세상을 향한 진심과 초인적인 열정, 가족을 지키기 위해 시작한 연구로 이제는 인류를 구하고 있으니 어벤져스가 따로 없다. 24시간이 모자란 세계 최정상 연구자가 밤잠을 줄여 써낸 책인데 어렵지 않게 읽히니 독자로서는 그저 감사하고 경건한 마음마저 든다. 바라건대, 가정상비약 구비하듯 1가정 1책의 기적이 일어나기를. 이미 길들어 화학제품 없이는 살 수 없는 세상이기에 슬기로운 생존전략이 절실하다. 혹시 당신이 세상을 구하고 싶다면, 이 책을 선물하면 된다. 세계 1% 독성 고수의 안내에 따라 독성의 실체를 제대로 알고 하나둘 실천하다 보면 최소한 아이들의 내일은 더 안전해질 테니까.

—— **윤성아 CBS 〈세상을 바꾸는 시간, 15분〉 작가**

인류는 문명의 발생 이래로 화학 발전이 가져온 편리함을 온전히 누리며 살아왔다. 화학을 몰라도 누구나 문명의 혜택을 받을 수 있으나, 문명인에겐 건강하게 살 권리가 있다. 안심하고 먹고 안전하게 살기 위해서는 편리함 뒤에 숨어 있는 화학을 이해해야 한다. 『햇빛도 때로는 독이다』는 교양인으로서 알아야 할 기본적인 화학을 평상어로 명쾌하면서도 알기 쉽게 알려준다.

—— **이정모 국립과천과학관장**

우리가 독에 대해 아는 것은 대부분 매체를 통해 주워들은 것들이다. 그렇기 때문에 어떤 것은 지나치게 과장돼 있고 또 어떤 것은 축소돼 있다. 이런 부정확한 정보로 인해 우리의 건강과 생명마저 위협받는 일은 결코 드물지 않다.

개인적인 경험과 각성을 토대로 면역학과 독성학 연구에 뛰어든 저자 박은정 교수는 우리에게 독의 본질과 실체에 대해서 정확하게, 하지만 우리 생활과의 연계 속에서 알기 쉽게 알려준다. 이를 통해 각종 독성물질에 대한 평소의 무관심과 무지를 극복할 수 있음은 물론, 나 자신과 가족을 지키기 위해서 기본적인 과학지식이 얼마나 중요한지도 깨닫게 해준다.

—— 파토 원종우, 팟캐스트 〈파토의 과학하고 앉아있네〉 진행자

그게 언제인가 하고 찾아보니 2017년이었다. "경력단절 여성으로 세계 상위 1%의 논문을 쓴 여성이 임시직 박사"라는 기사를 통해 저자 이름을 접했고, 보도 이후 정규직 채용이 이루어졌다는 보도를 끝으로 잊고 있던 분이 바로 이 책의 저자 박은정 교수다. 그는 면역학 연구에서 면역독성학으로, 이젠 나노독성물질로 연구를 바꿔가면서 독성물질과 건강의 관계를 포괄적으로 알려줄 수 있는 탁월한 저자가 되었다. 탐폰 사망, 라돈 침대, 가습기 독성물질, 미세먼지 등 일상생활과 떼어놓을 수 없는 흥미롭고 유용한 이야기들이 교양과학 수준의 쉽고 체계적인 설명으로 쏙쏙 들어오게 쓰였다. 두 번 읽자!

—— 이형열 과학 커뮤니케이터, 페이스북 〈과학책 읽는 보통 사람들〉 운영자

비과학적인 정보는 엉뚱한 노력을 낳는다. 제대로 알아야 적절한 대응을 할 수 있다. 이 책은 생활 속 독성물질에 대해 막연한 두려움을 느끼고 있는 우리가 꼭 읽어야 할 책이다. 나노독성 분야 세계 1% 과학자가 알려주는 독성물질에 관한 지식은 '환경의 역습'으로부터 우리 건강을 지키는 최소한의 방어막이 될 것이다.

—— 오유경 아나운서

프롤로그

"세계 최대 화학기업 '듀폰Dupon'을 아시나요? 과불화화합물은요?"

아니, 질문을 바꿔야겠다. 좀 더 많은 사람이 대답할 수 있는 질문이어야겠다.

"코팅 프라이팬을 써본 적 있습니까? 비를 맞아도 젖지 않는 고어텍스 등산복이나 종이컵은요?"

전자의 질문은 모르겠지만, 후자의 질문에는 대한민국 국민의 99%가 대답할 것이다. 이 제품 중, 단 한 가지도 갖고 있지 않다고 대답할 사람이 과연 몇이나 될 것인가? 전 세계 각 가정에 코팅 프라이팬 한 개 정도는 갖고 있지 않은 집이 없고, 종이컵을 한 번이라도 사용하지 않은 사람은 없을 것이다. 등산복은 이미 평상복이라고 불러도 좋을 만큼 대유행을 겪었던 우리가 아닌가.

대한민국이 일제의 압정에서 독립한 1945년, 세계 최대 화학기업 '듀폰Dupon'은 '테플론'을 판매하기 시작했다. 1956년에는 프랑스에서 이 물질의 특성을 활용한 프라이팬을 제조·판매하는 테팔Tefal이라는 브랜드까지 탄생했다. 음식물이 잘 눌어붙지 않아 많은 사랑을 받은 코팅 프라이팬의 대명사 '테팔'은 요즘 말로 세계 여성의 잇템it-item의 등장이었다. 테팔은 테플론과 알루미늄의 합성어다. 이후 미국에 진출하며 아예 듀폰사와 손을 잡고 테팔T-fal이라는 이름으로 개명했고 온갖 주방기기의 대명사가 되었다.

세월이 흘러 2019년, 듀폰은 영화 〈다크워터스Dark Waters〉의 악역으로 이름을 떨치기 시작했다. 〈다크워터스〉는 테플론으로 피해를 본 주민들이 겪은 실화를 바탕으로 한 영화인데, 테플론 공장이 있던 웨스트버지니아 지역에서 테플론을 만들 때 쓰이는 과불화화합물인 '과불화옥탄산Perfluorooctanoic acid, PFOA'을 듀폰이 장기간 무단 방류해 환경을 오염시킨 것이다. 병에 걸린 가축들의 죽음, 지역주민의 암 발생과 기형아 출산… 유해 화학물질의 독성이 불러온 환경오염의 결과는 참담했다. 2017년, 듀폰은 미국 법원으로부터 8천억 원대의 어마어마한 배상금을 판결받았다. 물론 이와 별개로 미 환경보호국에서 부과한 사상 최고액의 벌금도 물었다.

과불화옥탄산은 현재 미국 환경보호청EPA과 국제보건기구WHO 산하 국제암연구소IARC에 발암물질(Group 2B)로 분류되어 있다. 아웃도어 제품과 종이컵, 프라이팬 등 생활용품에 주로 사용되는데, 특히 방수되거나 먼지가 묻지 않는 기능성 제품이 이 과불화화합물을 함유한다. 그런데 이 과불화화합물은 환경 중에서 잘 분해되지 않는 특성 때문에 한 번의 노출만으로 수백 년간 환경에 남아 물, 토양, 공기를 오염시킨다, 고산 청정지대뿐 아니라 돌고래, 북극곰의 간, 인간의 혈액과 모유에서도 과불화화합물이 검출된 것이 그 좋은 예이다. 또한 물, 식품, 공기를 통해 인체에 유입되면 생식기능을 떨어뜨리고 암을 유발하며 호르몬 장애가 일어난다.

화학물질의 독성이 이렇게 무섭다. 짧은 프롤로그 몇 페이지에 담을 수 없을 정도다. 단순하게 먹지 않으면 해가 없는 게 아닌가 생각할 수도 있지만, 인체로 유입되는 경로가 어디 소화기관만일까. 우리 인체의 눈, 코, 입, 피부 등 어느 경로를 통해서든 독성물질이 유입될 수 있다.

더 중요한 것은 듀폰사의 경우처럼 화학물질을 무단 방류하거나 생활용품을 만드는 과정에서 독성물질이 방출될 뿐 아니라 결과물인 생활용품에서도 함유될 수 있다는 사실이다. 석유나 석탄 등의 화석연료가 없으면 산업이 돌아가지 않고, 일상생활에서 플라스틱 생활용품을 사용 안 하는 것이 불가능한 현재, 쓰레기와 폐기물이 된 이것들은 국제 분쟁을 일으키는 수준이 되었고, 미세먼지와 미세플라스틱으로 재탄생하여 발생시키는 독성이 건강 문제와 직결되기도 한다.

WHO는 헌장에 "건강이란 질병이 없거나 허약하지 않은 것만 말하는 것이 아니라 신체적·정신적·사회적으로 완전히 안녕한 상태에 놓여 있는 것"이라고 정의하고 있다. 한국의 헌법은 건강을 "모든 국민이 마땅히 누려야 할 기본적인 권리"라고 규정해, 건강을 하나의 기본권적 개념으로 보고 있다.

나에겐 건강할 수 있는 권리가 있다. 그리고 건강은 우리를 둘러싼 생물학적·화학적·물리적 환경이 깨끗하고, 사회적 환경이 정의로워야 지켜질 수 있다. 내가 연구하는 분야는 환경을 오염시키는 유해물질 및 생활화학제품 속 유해성분에 의해 발생하는 건강영향으로, 환경오염이나 생활화학제품과 밀접한 연관성이 있다.

처음 실험실에서 피펫을 잡았을 때는 이렇게 오랜 시간 연구에 몰두하게 될 줄 몰랐다. 내 아들을 어떻게 하면 건강하게 지킬 수 있을까 궁금한 나머지 진짜 공부를 하고 싶었을 뿐이다. 그러다 깨달았다. 내가 정말 알고 싶었던 것은 '어떻게 하면 건강을 지킬 수 있을까?'가 아니라 '왜 질병이 생기는가?'였다는 것을.

"왜 심장에는 암이 안 생길까?"

"비소는 어떻게 심장 근육을 망가뜨릴까?"

"수은은 어떻게 폐 기능을 망가뜨릴까?"

"미세먼지에 결합한 유기성분이 수용성 중금속 성분보다 염증을 더 많이 일으키는 이유는 무엇일까?"

"먼지는 어떻게 생겨날까? 왜 비 온 다음 날에는 작은 크기의 먼지가 큰 먼지보다 더 많아질까?"

"세포나 조직 안으로 침투한 나노물질은 몸 밖으로 제거될 수 있을까?"

"석면에 달라붙은 항원 제시 세포는 죽을까? 살까?"

사회적인 편견과 연구자로서 겪어내야 할 경제적 어려움 속에서도 무수한 질문들이 끊임없이 떠올랐다. 나는 그렇게 1년 365일 실험실에 살다시피 하며 해답을 구하기 위한 연구에만 몰두했다.

요즘 나의 관심사는 환경 중 유해물질과 그 독성이 우리 건강에 미치는 영향이다. 덕분에 건강수명 연장의 경제적 중요성을 깨닫게 되었고, 초고령사회와 기후변화 속에서 현재의 청소년들이 미래에 짊어지게 될 부담까지 고민하고 있다.

아침 일찍 나는 새가 멀리 본다고 했던가? 그건 아닌 것 같다. 요즘은 아침 일찍 일어나는 새가 더 피곤하단다. 하지만 싫지 않다. 어제보다 오늘 조금 더 똑똑해진 것 같아서 좋고, 태어난 이유를 찾은 것 같아서 기쁘다. 우연히 떠오르는 질문들을 하나씩 하나씩 풀어가다 여기까지 왔듯이 앞으로도 욕심 없이 내 속도대로 이 길을 갈 것이다.

이제 눈도 침침해지고, 손목 근육도 점차 감소하는 노화의 기운이 느껴진다. 언젠가 피펫을 놓아야 할 날이 올 것이다. 이 책을 읽는 독자 중에서 내가 놓은 피펫을 잡고 연구를 이어갈 누군가가 생기길 바라는 마음 가득하다.

경희대학교 의과대학 생화학/분자생물학 교실
환경성질환 연구실
박은정

차례

1장

독성의 진실

오늘, 당신의 하루는 안전하십니까?

독이란 무엇일까?

사람들은 상냥한 웃음으로 타인을 돕는 그녀를 두고 친절하다며 이구동성 입을 모아 천사라고 불렀다. 그녀가 자신들처럼 범죄를 저지르고 교도소에 복역 중인 죄수라는 사실을 망각할 정도였다. 심지어 교도소 안에서 다른 사람을 괴롭히기로 악명이 높아 마녀라는 별명이 붙은 여죄수조차도 친절한 그녀에게만큼은 성깔을 부리지 않았다.

그러나 이 여인은 천연덕스럽게 악명 높은 여죄수를 살해했다. 그런 그녀를 아무도 두려워하거나 이상하게 보지 않았다. 오히려 응원했고, 자신을 악마의 손아귀에서 구원해준 그녀의 친절함(?)에 감사할 따름이었다.

물론 이 사건은 실제로 일어난 일이 아니라 박찬욱 감독의 영화 〈친절한 금자씨〉의 한 장면이다. 주인공인 금자씨는 죽은 여죄수의 식사에 매일 조금씩 락스를 뿌렸다. 무려 3년이나. 이를 아무 의심 없이 섭취한 여죄수는 탈모와 소화불량 등 부작용에 시달리다 끝내 죽음에 이른다.

세간을 떠들썩하게 한 실제 사건을 살펴보자. 2017년 2월 13일 오전 9시경의 일이다. 말레이시아 쿠알라룸푸르 국제공항에 제법 체격이 우람한 한 남성이 등장했다. 사내는 마카오로 출국하기 위해 대기 중이었다. 바로 그때 한 여성이 달려들어 그의 뺨에 무언가 알 수 없는 물질을 발랐다. 당황한 사내가 사태를 파악하기도 전에, 또 다른 여성이 다가왔다. 그녀 또한 순식간에 그의 얼굴에 무언가를 바르고 사라졌다.

"Very painful, very painful, I was sprayed liquid!(매우 고통스럽다, 매우 고통스럽다. 액체 스프레이를 맞았다!)"

사내는 잠시 온전한 의식을 유지하며, 자신이 습격받은 사실을 이렇게 알리고 공항 경찰에 도움을 요청했다. 그러나 곧 의식을 잃었고, 병원에 도착하기도 전에 구급차 안에서 사망하고 말았다. 그의 이름은 김정남. 김정일 북한 전 국방위원장의 장남이자 한때 북한 권력 세습의 후계자이기도 했던 인물이었다.

위의 두 이야기를 접한 사람들은 두 가지 사실에 매우 놀랐다. 첫째는 김정남을 손도 써보지 못할 만큼 순식간에 사망케 한 물질의 정체, 둘째는 없는 집이 없을 만큼 흔한 청소용품 락스가 사람을 해치는 수단이 될 수 있다는 사실 때문이었다.

첫 번째 궁금증부터 확인해보자. '김정남 암살 사건'을 수사했던 말레이시아 경찰청은 그의 시신에서 신경계 작용 독성물질인 VX가 검출되었다고 발표했다. 신경독 VX는 1952년 영국 화학자가 살충제로 특허를 출원하였으나 그 독성이 강해 상업용 판매가 금지된 물질이다. 그러나 일부 국가에서 전쟁 시 대량 살상용 화학무기로 사용했다고 알려져 있으며, 화학무기금지협약CWC에 따라 화학무기로 분류되어 있다. 이 독에 노출되면 호흡이 곤란해지고, 땀과 침을 흘림과 동시에 구토와 근육 경련 등의 증상이 나타난다. 그만큼 독성이 강한 물질로 중추신경계에 손상을 입히며 매우 짧은 시간 안에 목숨을 잃을 수 있다.

두 번째 궁금증, 락스가 사람을 살해하는 수단이 될 수 있는지 살펴보자. 락스는 전 세계적으로 가장 많이 팔리는 화학제품으로, 우리의 실생활에 빠지지 않고 등장한다. 미국의 생활용품 제조업체인 크로락스사The Clorox Company가 만든 제품으로, 국내 기업(유한 크로락스)과 합작하여 1975년부터 우리나라에서 판매되고 있다. 일반 가정은 물론 병원, 학교 등에서 식기나 과일, 야채 등에 묻은 세균이나 기생충 제거, 색이 물든 빨래나 흰옷의 표백, 집안 곳곳에 남아 있는 세균이나 곰팡이 제거 등 다양한 목적을 위해 가장 널리 사용되는 제품 중 하나이다.

신경독 VX의 구조

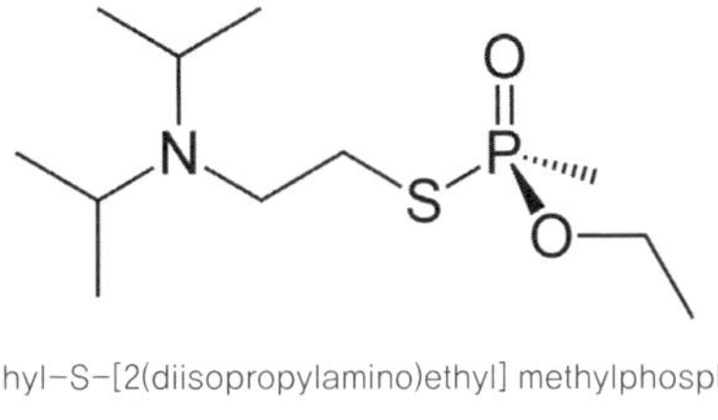

▲ VX(O-ethyl-S-[2(diisopropylamino)ethyl] methylphosphonothiolate)

그런데 제품 설명서를 보면 사용 목적에 따른 희석 배율이 매우 상세히 적혀 있다. 왜 그럴까? 락스는 어떻게 세균, 곰팡이, 기생충과 같은 생물체를 제거할 수 있는 걸까? 어떻게 표백 기능이 있는 걸까? 더 나아가 제품 설명서에는 빛을 차단한 상태로 보관하고, 밀폐된 공간에서는 사용하지 말라는 문구도 적혀 있다.

우리가 아는 락스의 주성분인 차아염소산나트륨NaClO, 하이포염소산은 대표적인 염소계 표백제이다. 과산화수소수나 과탄산나트륨처럼 활성산소를 발생시켜 그 기능을 발휘하는 산소계 표백제와는 달리 염소계 표백제는 수용액 상태에서 강력한 산화력을 갖는 유리염소를 발생시켜 세포막을 파괴한다. 이 유리염소로 인해 금속이 부식될 수도 있으며, 최근 발생한 물류업체 보조 조리사 사망사건에서 주요 원인 물질로 추정된 것처럼 인체에 해로운 산 가스가 발생하기도 한다.

여기서 우리는 몇 가지 궁금증이 든다. 그렇다면 락스는 약일까? 독일까? 유익한 걸까? 해로운 걸까? 약과 독의 차이는 무엇일까? 락

▲ (왼쪽부터) 대표적인 염소계 표백제인 크로락스 표백제, 산소계 표백제인 옥시크린

스는 인체에 유해한 세균을 제거하는 '살균 작용'을 하므로 분명 유익한 제품이다. 그러나 자칫 오남용하면 이러한 독성이 우리 인체에서도 일어날 수 있다. 그러므로 락스는 사용하기에 따라 약도 될 수 있고, 독도 될 수 있다.

독성이란 말 그대로 독한 성질이다. 천천히 몸에 축적되어 심각한 질병을 유발하거나 최악의 경우 사망에 이르게 한다. 우리가 안전하다고 생각하며 사용하는 생활화학제품 대부분이 락스처럼 인체에 해로운 성분을 함유하고 있다. 그래서 각 관할 부처(식약처, 환경부, 산업통상자원부, 농업진흥청, 보건복지부 등)에서는 사용법에 대한 정보를 제품 설명서에 명시하여 소비자들이 안전하게 사용할 수 있도록 관리하고 있다.

독극물은 생물체에 작용하여 심각한 손상을 입히거나 최악의 경우 죽음에 이르게 하는 물질이다. 다시 말해, 독극물은 소량으로도 치명적일 수 있으며, 김정남 암살 사건처럼 잘못하면 순식간에 목숨을 잃을 수도 있다. 코브라의 독 오피오톡신, ophiotoxin이나 복어의 독테트로도톡신, tetrodotoxin, 청산가리시안화칼륨, potassium cyanide, 감자 싹솔라닌, solanine, 사약 성분비소 화합물, 독침브롬화네오스티그민, neostigmine bromide, 베트남전에 쓰인 고엽제DDT, 최루탄 가스2-클로로벤즈알말로노나이트릴, 2-Chlorobenzalmalononitrile 등 수많은 화학물질이 이에 포함된다.

그렇다면 어떤 물질이 독이고, 어떤 물질이 약일까? 약과 독을 쉽게 구별하는 방법은 없을까? 불행히도 독성학 수업에서 가장 먼저 배우는 내용은, 노출된 농도에 의해 결정될 뿐 이 세상에 존재하는 모든 물질은 독이 될 수 있다는 것이다. 즉, 약과 독은 생물체가 노출된 농도에 따라 결정될 뿐이다.

그렇다면 독성이 있는 물질이란 무엇일까? 어떻게 정의할 수 있을까? 당연히 소량을 섭취하거나 호흡하거나 발랐을 때 즉시 사망에 이른다면 그 물질은 독성이 매우 강한 물질이다. 즉시 사망하지 않더라도 오랫동안 노출되었을 때 어떤 질병을 일으킨다면 그 또한 독성 물질이다.

인간의 질병이 다양하듯 독성이 나타나는 원인과 과정은 매우 다양하다. 각 질병이 발생하는 주요 연령대가 다양하듯, 각 독성물질이 질병을 일으키기까지의 소요 시간도 다양하다. 김정남은 순식간에 사망했지만, 영화 속 친절한 금자씨가 사용한 락스가 여죄수의 몸속에서 문제를 일으키기까지는 3년이라는 시간이 필요했던 것처럼 말이다.

그런데 이 책을 쓰던 2021년 5월, 끔찍한 뉴스가 보도되었다. 아내가 남편의 칫솔에 락스를 뿌려 건강에 문제가 생겼고, 남편이 아내를 살인미수로 고소한 사건이었다. 락스에 관련된 사고는 이뿐만이 아니었다. 몇 해 전 부산의 수영장에 '락스' 성분이 포함된 소독 살균제가 누출된 일이 있었다. 수영장을 찾은 초등학생 수십 명이 유독가스에 노출되었는데, 구토와 메스꺼움을 느끼다 빠르게 병원으로 호송되어 큰 사고를 면할 수 있었다. 주의사항에 일반세제와 섞어 사용하면 유독가스가 발생할 수 있다고 쓰여 있는데도 이를 무시하여 사망에 이른 사람도 있었다. 어느 가정이든 청소용품으로 갖추고 있는 락스의 독성이 이렇다면, 과연 우리는 알게 모르게 얼마나 많은 독성물질에 노출된 채 살아가는 것일까? 우리의 삶이 진정 안전하다고 말할 수 있을까?

우리 삶에는 독성학 지식이 필요하다

이른 아침, 우리는 직장에 출근하거나 학교에 가려고 서둘러 준비하고, 샤워하고, 식사한 뒤 집을 나선다. 버스나 지하철 등 대중교통을 이용하거나, 자신의 승용차로 이동하기도 한다.

라디오나 스마트폰으로 날씨와 미세먼지 수준을 확인하는 것도 이제 익숙하다. 달리는 도로에는 대기오염 수준을 알리는 알림 정보가 설치되어 있고, 1년 내내 중국발 황사로 인해 누런 하늘을 보며 '파란 하늘'을 그리워하기도 한다.

우리의 현실을 일일이 열거하고 보니, 문득 의문이 들 수 있다. 암을 비롯하여 각종 질병의 원인이 되는 환경오염물질과 화학물질에 노출된 현대와 달리, 아기 공룡 둘리가 엄마 찾아 뛰어다녔을 원시시대는 안전했을지도 모른다는 생각 말이다.

원시시대를 머릿속에 떠올리면 가장 먼저 그려지는 이미지가 화산일 것이다. 현재도 세계 곳곳에 남아 있는 화산이 폭발하면서 뜨거운 용암과 화산재, 독성가스가 분출하고 있다는 소식이 들려오곤 한다. 특히 문제가 되는 것이 바로 이 독성가스, 즉 기체 상태의 이산화황SO_2인 아황산가스다. 물을 아주 좋아하고 잘 녹는 성질이라 대기 중에서 비나 수증기를 만나면 '산성비'가 된다. 심지어 화산이 없는 곳에서도 이 독성가스로부터 자유로울 수는 없다. 가정이나 공장에서 연료를 사용할 때, 자동차를 운전할 때 배출되는 배기가스에 이황 성분이 포함되어 있기 때문이다.

머리숱이 적고 머리카락이 가는 남성들이 산성비를 맞으면 대머리가 된다는 말 때문에 비가 내리는 날 특별히 더 긴장하는 경향이 있다. 산성비는 식물이 말라 죽는 주요 원인 중 하나여도, 탈모의 직접적인 원인은 아니라고 하니 걱정할 필요는 없다. 그러나 산성비가 인체에 아무 영향이 없다고 단정 지을 수는 없다. 산성비에는 낮은 pH뿐만 아니라 대기 중 미세먼지에 함유된 다양한 유해 중금속이 포함되어 있으며, 이들 유해 중금속은 모공은 물론 인체의 피부 점막을 손상할 수 있다.

여성들도 뜻밖의 생활용품에서 독성을 만날 수 있다. 매일 세안용 클렌징폼으로 세수하고, 로션과 영양 크림을 바르지 않던가. 놀랍게도 이들 제품에는 사용기간 동안 제품이 손상되지 않도록 미생물 억제제 또는 살생물제 등이 포함된다.

그렇다면 어떻게 우리는 이런 물질들이 함유된 제품을 오랜 시간 안전하게 사용할 수 있는 걸까? 바로 나와 같은 독성학자가 많이 존재하기 때문이다. 독성학자는 특정 물질이 인체 어느 부위에 어떤 작용을 일으키고, 그 결과 어떤 질병이 발생할 수 있는지를 연구한다. 그 과정에서 약이 될 수 있는 최대 농도와 독이 될 수 있는 최저 농도를 결정한다. 예를 들면 생활화학제품에 기록된 용법, 용량과 약을 구매했을 때 첨부한 주의사항 등이 독성학자들이 하는 일의 결과물이다.

오늘 하루를 시작하는 당신의 아침은 어떠했는가? 아마도 폭신폭신한 매트리스가 깔린 침대에 놓인 따뜻한 이불 속에서 눈을 떴을 것이다. 그럴 리는 없겠지만, 발암물질인 라돈이 함유된 매트리스는 아니었을까? 샤워를 했다면 사용한 클렌징폼이나 샤워젤에는 어떤 성분이 함유되어 있을까? 샴푸에 든 성분은 매일매일 써도 안전한 물질일까?

물론 말할 필요도 없이, 이들 제품을 생산하는 기업들은 자체 연구를 통하여 인체에 해가 되지 않도록 부단한 노력을 기울이고 있다. 실제로 많은 독성학자가 기업과 함께 연구하여 성과를 내기도 했다. 생활용품 속 화학물질에 대한 소비자의 의식도 나날이 성숙해지고 있다. 낮은 가격이 제품 선택의 기준이던 시대는 이미 오래전의 일이다.

그런데 만약 독성학자들이 연구를 통해 이들 화학성분의 독성을 찾아내고 이러한 결과를 대중들에게 알리고 안전한 사용법을 제시하는 노력을 지속하지 않았다면 어땠을까? 부도덕한 기업들이 원재료 가격이 저렴하고 세정력이 뛰어나다는 이유만으로 안전성에 대한 검증 없이 제품을 만들고, 소비자들은 그것을 무시한 채 사용한다면, 우리의 삶이 안전하게 유지될 수 있을까?

바쁜 일상 속에서 번거로운 일일 수 있겠지만, 우리의 행복이 작은 노력에서 시작된다는 점을 잊지 말고, 일상생활에서 사용하는 제품들이 어떤 성분을 포함하고 있는지, 현명한 소비를 하고 있는지 수시로 살펴보자. 모르는 게 약이라고 치부하기에는 우리의 건강을 위협하는 유해인자가 우리 삶에 너무 가까이, 너무 많이 존재하고 있다.

알고 쓰면 약,
모르고 쓰면 독이다

불로불사의 영약이자 화장품의 원료였던 수은

중국의 진시황B.C. 259~B.C. 210은 늙지 않은 모습으로 영원히 살면서 권력을 누리고 싶어 했다. 급기야 그는 중국 전역으로 사람을 보내어 불로불사의 명약을 찾기까지 했다. 그런데 그토록 장수하고 싶어 했던 그는 정작 49세의 나이로 남들보다 빨리 죽고 말았다. 불로장생의 영약이라 믿었던 수은을 먹고, 마시고, 몸에 바른 덕분에 수은에 중독된 것이 원인이라는 설이 유력하다. 일설에는 수은으로 연못을 만들어 수영을 즐겼다는 얘기도 있고, 생 막바지에 광기 어린 행동을 보인 것이 수은 중독으로 신경과 뇌가 손상된 결과라고 보기도 한다.

수은Hg은 금속이다. 그러나 일반적인 금속과 달리 상온에서 액체 상태를 유지한다. 마치 그 모습이 영롱한 은빛 구슬과 같아서 끔찍한 독성만 아니면 아름답기까지 하다. 오죽하면 '물처럼 흐르는 은'이라는 뜻으로 '물 수水, 은銀'을 써서 수은이라 했을까.

사실 진시황뿐만 아니라 과거에 많은 이들이 자신의 욕망을 채우기 위해 중금속인 수은이나 납을 애용하곤 했다. 특히 창백해 보일 만큼 하얀 피부를 선호하던 여성들은 수은을 즐겨 바르는 것을 서슴지 않았다. 영국의 엘리자베스 1세Elizabeth I, 1533~1603를 비롯하여 귀족 여성들과 남성들까지도 수은을 없어서는 안 될 필수품으로 여겼다. 엘리자베스 1세처럼 입술에 바르기도 했고, 차를 마실 때 쿠키를 수은에 찍어 먹을 만큼 애용했다고 한다.

수은이 이렇게 사랑받은 이유는 피부를 하얗게 만들어주기 때문이었다. 피부 표피층epidermis에 있는 멜라닌 세포에서 분비되는 멜라닌 색소는 피부톤을 결정하는 주요 물질로 항산화 기능이 있다. 체내

▲ (왼쪽부터) 진시황, 수은

▲ (왼쪽부터) 수은을 애용한 엘리자베스 1세, 신윤복의 〈미인도〉. 당시 여인들은 수은이 든 화장품을 사용했다.

에 흡수된 수은은 이 멜라닌 색소를 제거하여 피부를 하얗게 만든다. 또한 혈관에 침착되면 혈액 공급이 차단되고 피부가 경직되어 일시적으로 주름이 펴지고 피부가 탱탱해지는 느낌이 든다고 한다.

진시황은 나이를 먹을수록 힘없이 늘어지는 자신의 피부가 수은 덕분에 탱탱해졌으니 젊어진 것이라 착각했던 것이 분명하다. 더 나아가 독성에 대해 알지 못했던 시대에는 미백 용도의 화장품을 만드는 원료로 최적의 물질이었을 것이다. 미백이나 주름 개선 기능을 갖는 화장품이 현대를 살아가는 여성들에게도 가장 사랑받는 제품인 것을 보면, 미에 대한 기준은 예나 지금이나 달라진 것이 없는 것 같다.

과거 우리나라 여성들도 수은이 들어간 화장품을 사용했다. 신윤

복의 〈미인도〉를 보면, 여인들의 입술이 하나같이 붉다. 이 여인들의 입술을 붉게 물들인 안료가 바로 수은이 들어 있는 주사朱砂였다. 아름답게 보이고 싶은 여인의 욕망은 선명하게 붉은 입술을 추구하지 않던가. 그런데 하필 중금속인 수은 성분이 든 입술연지라니, 목숨을 위협하는 치명적 행위라는 걸 그녀들이 알았다면 붉은 입술을 포기했을지도 모른다. 그 외에 무속인들이 악귀나 액운을 쫓는 부적을 쓸 때도 수은을 사용했다. 한지에 붉게 쓰인 글자가 바로 주사로 만든 물감으로, 현재는 수은의 위험성이 알려져 사용되지 않고 있다.

수은, 매독 치료제가 되다

중세 유럽, 매독이 유행할 당시 도시 인구의 약 20%가 이 병에 걸렸다. 제대로 된 항생제가 없던 중세 유럽에서 매독은 치명적인 질병이었고, 성병이라는 이유로 일부 의사들은 치료를 거부했다. 이 틈을 파고든 것이 수은 훈증요법[01]이었다. 매독에 걸린 환자들은 수은 연고를 바르고 히터를 튼 방에서 담요를 뒤집어쓴 채 보름 이상을 보냈다. 일부 환자들은 효과를 보기도 했지만, 환자들 대부분이 매독이 치료되기 전 독한 수은 가스로 인해 죽음을 맞이하거나 치명적인 호흡기 질환을 얻어야 했다.

더 위험한 것은 수은의 대표적인 독성반응인 '신경 및 뇌 손상'이

01 약을 끓이거나 태워 증기나 연기를 몸에 쐬는 치료법.

다. 실제로 천재 음악가 슈만은 아내 클라라와 결혼하기 전에 걸린 매독에 시달리다 얼어붙은 라인강에 뛰어들어 자살 소동을 일으키기도 했다.[02] 결국 마지막으로 쓴 피아노 곡 제목이 '유령 변주곡'일 만큼 악령이나 귀신을 보는 환상과 환청에 시달리다 정신병원에서 삶을 마감했다.

이후 1994년이 되어서야 그가 입원했던 병원의 진료 기록이 공개되었는데, 그를 죽음에 이르게 한 병이 매독이었음이 비로소 밝혀졌다. 무려 사후 138년 만의 일이다. 물론 뇌 손상은 매독 자체의 간접적인 결과일 수도 있다. 그러나 독성학자인 내가 보기에 수은 중독의 영향을 배제할 수 없다.

매우 다행스럽게도, 1909년 독일의 미생물학자 파울 에를리히Paul Ehrlich, 1854~1915가 비소 화합물로 만들어진 치료제살바르산, salvarsan를 개발하면서 매독 치료제로 쓰이던 수은 사용이 중단되었다. 하지만 그가 개발한 '살바르산' 또한 피부 발진, 간 손상, 생명의 위험 등 부작용이 심각했다. 이후 그는 1912년 효과는 조금 덜하지만, 합성이 쉬운 '네오살바르산'을 매독 치료제로 출시했으나 메스꺼움이나 구토 같은 부작용은 여전했다. 그로부터 다시 30여 년이 흐른 1940년에 항생제 페니실린[03]이 개발되었으며, 비로소 매독과 같은 세균 감염으로 인류가 목숨을 잃는 일은 사라지게 되었다. 현대 면역학과 독성학

02 슈베르트, 모차르트, 베토벤, 니체, 톨스토이, 모파상, 고갱, 고흐, 링컨, 히틀러, 무솔리니의 공통점은 매독에 걸렸다는 것인데, 이들은 수은 요법으로 매독을 치료했다. "박재선의 유대인 이야기", 〈중앙선데이〉, 2012.10.14.

03 최초의 항생제. 영국의 미생물(세균)학자 플레밍(Alexander Fleming)이 발견했으며, 그 공로로 1945년 노벨생리의학상을 수상했다.

의 중요한 이론이 된 수많은 연구 성과를 제시한 파울 에를리히는 면역학에 대한 그의 공로를 인정받아 1908년에 러시아 세균학자 일리야 일리치 메치니코프와 함께 노벨생리의학상을 받았다.

수은에 대한 절대적 믿음은 근대에 이르기까지 꽤 오랜 세월 이어졌다. 중장년층은 밖에서 뛰어놀다 넘어져서 다치고 들어오면 엄마가 발라주던 '빨간약'을 기억할 것이다. 가장 잘 알려진 일반 명칭은 '머큐로크롬'으로 드라마 〈응답하라 1988〉에서도 카메오 출연(?)했다.

우리에게 많은 추억을 선사하며 '상처에는 빨간약'이라는 공식이 등장할 수 있었던 것은 1918년 존스 홉킨스 병원 의사인 휴 H. 영Hugh H. Young이 메르브로민Merbromine, 유기수은 이나트륨염 화합물의 방부 효과Anti-septic effects를 발견한 덕분이다. 이후 긁히거나 베인 상처에 바르는 국소 소독약으로 인기를 얻었으나, 미국 식품의약국FDA이 1998년 10월 수은 중독의 가능성을 언급하면서 메르브로민을 '일반적으로 안전한 것으로 인정됨'에서 '검증되지 않음'으로 재분류하고 판매 승인을 취소했다.

물론 현재도 '빨간약'은 사용된다. 그러나 메르브로민 성분의 머큐로크롬이 아닌 '요오드팅크(일명 옥도정기)'가 그 대체품으로 판매되고 있으며, 전문가들은 소독력이 더 강화된 '포비돈 요오드'를 선호한다.

우리는 수은으로부터 안전한가?

대학원 박사과정에서 처음 실험한 물질 중 하나가 수은이었다. 산업 공정에서 촉매나 용매로 광범위하게 활용될 뿐만 아니라 온도계나 형광등과 같은 일상 생활용품의 제조에도 이용되어, 미세먼지를 연구하는 나에게는 비소, 크롬, 망간, 납, 아연 등과 함께 시급히 연구해 보아야 할 의미 있는 중금속 중 하나였다.

내가 제일 좋아하는 참치 김치찌개에 들어가는 캔 참치는 생태계 내 수은 농도 함량을 연구하는 거의 모든 논문의 주요 소재였다. 수은 중독에 대해 잘 알려진 만큼 드라마의 주요 소재로도 등장하곤 했다. 2019년 SBS에서 방영한 드라마 〈닥터 탐정〉의 주인공 도중은(박진희)과 허민기(봉태규)는 스크린도어 청소원의 죽음은 공업용 세정제에 함유되어 있던 수은이 원인이었다는 것을 밝혀내기도 했다.

소량의 수은이라도 장기간 노출되었을 때 발생하는 가장 대표적인 질환이 신경계와 뇌 손상이다. 단시간에 다량의 수은 가스에 노출되어 중독을 일으키면 몇 시간 안에 발열과 함께 오한이 찾아오며, 속이 울렁거리는 오심과 구토, 호흡곤란 등이 나타날 수 있다. 더욱 심해지면 폐가 부어오르는 폐부종, 청색증, 가슴 통증, 위염, 괴사성 궤양과 핍뇨[04], 무뇨[05]가 올 수 있다. 이렇게 급성으로 증상이 나타나면 심각한 폐 손상으로 발작과 경련을 일으키는 등 위태로운 상황이

04 乏尿, oliguria. 소변의 양이 현저하게 줄어드는 것.

05 無尿, anuria. 소변이 생성되지 않는 것.

발생할 수 있으며, 최악의 경우 사망에 이른다.

이러한 심각한 부작용 때문에 다양한 분야에서 산업용으로 널리 쓰이는 수은 사용을 자제하거나 금지하는 것이 과연 옳을까? 그렇지 않다. 약이 독이 될 수 있는 것처럼, 독은 약이 되기도 한다. 한 번쯤 투약해본 경험이 있는 사람은 알겠지만, 세상의 모든 약은 정도의 차이가 있을 뿐 모두 부작용이 있다. 부작용의 원인은 바로 독성이다. 그렇기에 어느 약이건 정해진 용량이 존재하며, 독성이 강한 약일수록 부작용의 정도와 발생 가능성 또한 높아진다.

즉, 이전보다 안정적인 치료제가 개발되었다는 것은 기존 약물이 가진 독성이 줄어들고 인체에 덜 해로운 약으로 개발되었다는 뜻일 뿐 100% 안심할 수 있다는 뜻은 아니다. 단적인 예로 한 알이면 충분한 수면제를 다량 투약했을 경우 사망의 위험에 이를 수 있지 않나.

많은 연구자가 수은의 독성을 제시했다. 그럼에도 우리 대부분은 소량, 다중 노출의 위험성을 간과하고 있으며, 우리 사회의 특정 분야에서는 목숨을 앗아갈 만큼 수은이 들어간 제품을 광범위하게 사용하고 있다.

동국대학교 의과대학 임현술 교수는 "참치, 삼치, 황새치, 상어같이 자신보다 작은 생선을 먹이로 삼는 포식성 생선을 먹거나, 수은이 포함된 미백 화장품을 바르는 등 일반인이 수은에 노출되는 기회는 많음"을 강조했다.[06] 과거에는 독성에 대해 밝혀지지 않은 덕분에

06 "현재도 일반인이 수은에 노출되는 기회는 많다… 수은은 고대로부터 인간의 욕망을 가장 직접적으로 드러낸 금속이었다. 부를 향한 열망, 불로장생에 대한 무한한 갈망 등이 있었고 수은의 부작용에 대하여 알고도 있었지만 이로움과 해로움을 동시에 경험하며 인류와 함께 희로애락을 같이 해왔다." 임현술, "인류와 함께한 수은 이야기", 〈월간 산업보건〉, 2015. 6.

무지에서 오는 실수였다고 해도, 그 독성을 충분히 알고 있는 지금은 왜 같은 실수를 반복하고 있는지 의문이다. 비판적인 시각에서 본다면 '나는 괜찮겠지.'라는 안일함, 시중에 판매되는 제품은 문제가 없을 것이라는 맹목적 신뢰, 소비자에게 독성 제품을 판매하면서도 '나와 내 가족만 쓰지 않으면 된다.'는 판매자들의 부도덕함이 인간의 욕망과 만난 탓이 아닐까 하는 생각이 들기도 한다.

약을 약으로 받아들이려면 제대로 알고 써야 한다. 몸에 해로울 수 있는 독성을 이해하고 내 몸이 받아들여 감당할 수 있는 체중 혹은 나이별 용량이 분명히 존재한다는 것을 명심해야 한다. 그것은 마치 무거운 짐을 어깨에 짊어지고 있는 것과 같다. 내 몸이 견뎌낼 거뜬한 무게를 이해하는 것처럼 치명타를 입지 않을 용량을 알고 지켜야만 진정한 약이 될 수 있다.

임현술 교수가 수은의 독성에 관한 기고문을 발표한 것은 무려 6년 전의 일이다. 그런데도 2019년 세계 굴지의 인터넷 쇼핑몰인 아마존과 이베이에서 수은이 기준치 이상으로 함유된 미백 화장품이 판매되어 퇴출[07]되었다는 소식이 들린다. 해외라고 안심할 수 없다. 리콜이 진행된 해당 제품들이 국내에서 판매되었다는 한국소비자원의 발표[08]가 2021년 2월에 있었다.

나와 같은 독성학자들이 괜한 연구로 허용기준치를 만든 것이 아

07 국제 환경단체 연합체인 '제로 머큐리 워킹그룹(ZMWG)'이 세계 12개국에서 온·오프라인을 통해 구매한 미백 화장품 30종 158개 제품 중 95개에서 기준치(1ppm) 이상의 수은이 검출되었음을 발표했다. 이는 2019년 11월 27일 〈월스트리트저널〉(WSJ)을 통해 보도되었다.

08 한국소비자원, 2021년 2월 25일 발표와 〈서울경제신문〉, 2021년 2월 25일 기사 참조.

니다. 허용기준치라고 해도 경계를 늦출 수 없다. 우리의 삶이 건강하고 안전하기 위해서는 소비자 스스로 조금 더 깐깐하게 주시할 필요가 있다. 소비자가 똑똑하고 현명해질수록 자신의 이익을 목적으로 기만 행위를 서슴지 않는 살인 기업은 반드시 줄어들 것이다.

다시 말하지만, 수은을 비롯한 모든 화학물질에는 나름의 독성이 있다. 불치의 병으로 알려진 암을 치료하는 항암제도, 단순한 감기를 낫게 하는 감기약도 정도의 차이가 있을 뿐 독성으로 부작용을 불러온다.

돌아보면 방향제나 섬유유연제, 소독제, 세제, 살균제부터 집을 지을 때 사용하는 건축 재료, 첨단 산업을 가능하게 하는 화학 재료, 립스틱, 미백 화장품, 자외선 차단제까지 어느 것 하나 안전과 관련되지 않은 것이 없다. 수은을 맹신했던 중세시대를 단지 몰라서 용감했다고 치부할 수 있을까? 그렇기에 더 많은 연구가 필요하다. 알고 쓰면 약이 될 수 있지만, 모르고 쓰면 수은처럼 사람의 생명을 앗아가는 독이 될 수 있다.

독성에 관한 오해와 진실

독은 정말 해로운 것인가?

사전에서는 '독毒, poison, toxin'을 '해로운 물질'이라고 해석한다. 뜻 덕분인지 '독'이라는 외자 단어는 마치 절대 악인 것처럼 가까이하기 두렵게 느껴지기도 한다. 독성학자인 나도 긴장하며 취급하는 것이 독성물질이다. 이렇듯 독이 우리를 긴장시키는 이유는 그것이 곧 죽음과 직결되기 때문이다.

실제로 독성학에서 독은 일정한 양이 생명체에 유입되었을 때 심각한 손상을 주거나 생명을 앗아가는 물질을 의미한다. 혹시 모를 사고를 막기 위해, 맹독 물질의 포장 용기에 해골 마크를 붙여 직관적으로 알아볼 수 있게 한 것을 보았을 것이다. 하지만 뱀, 독버섯, 벌, 해파리 등 독이 있는 생물들에게는 해골 스티커를 붙일 수도 없다. 어쩔 수 없지만, 인간이 알아서 피해야 한다.

▲ (왼쪽부터) 독성물질을 의미하는 해골 마크와 발암물질 표시 ⓒ 산업안전보건공단 홈페이지

그렇다면 독성물질은 정말 인간에게 해로운 물질일까? 끔찍한 해골 마크나 발암물질 표시까지 붙여놓고 경계하도록 한 것을 보면 절대 바뀌지 않을 확정된 판결을 받은 범죄자 같다. 그러나 두려움과 경계심을 갖기 전에 '독'에 대한 폭넓은 이해가 필요하다.

독성학적 관점에서 볼 때, 생명체에 독성을 일으키는 물질에는 베놈venom, 포이즌poison, 톡신toxin이 있다. 베놈은 일종의 독이며, 독을 가진 동물에게 물리거나 찔렸을 때 독성 반응이 나타난다. 세포를 괴사시켜 죽이는 세포독소cytotoxins, 신경계에 영향을 미치는 신경독neurotoxins, 근육을 손상시키는 근독소myotoxins, 혈액 응고를 방해하는 혈독hemotoxins 등 크게 네 가지 유형이 있다. 2013년 베놈이 있는 동물로 인해 57,000여 명이 사망했다. 반면, 이들 동물이 가진 베놈은 광범위한 질병을 치료할 잠재력을 가지고 있다.

포이즌은 삼키거나, 먹거나, 핥거나, 흡입하거나, 피부를 통해 독이 흡수되었을 때 독성 작용이 나타난다. 톡신은 생물체가 생산한 특정 단백질이다. 독을 단백질로 표현하니 어쩐지 친근한 생각마저 든다. 그런데 놀랍게도 이러한 독이 정말 친근하다고 말할 수

동물의 독성을 약으로 개발한 사례

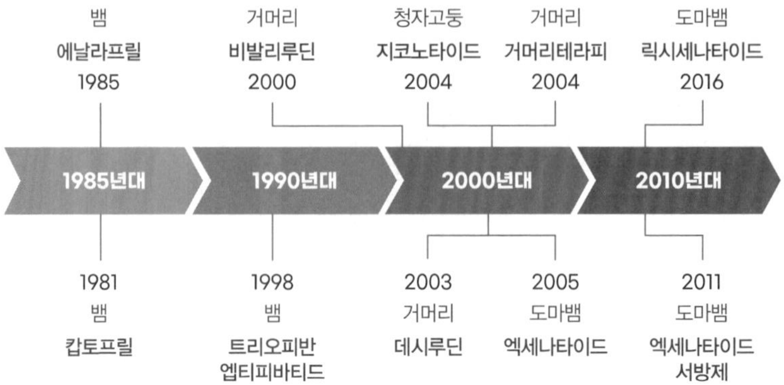

© https://doi.org

있을 만큼 우리에게 꼭 필요한 약의 원료로도 쓰인다. 대표적인 것이 식중독을 일으키는 혐기성 세균인 '클로스트리듐 보툴리눔Clostridium Botulinum, 보툴리누스균'이 생산하는 보툴리눔 독소다.

19세기 초, 보툴리눔 독소에 의한 식중독이 처음 발견된 곳은 독일 바덴뷔르템베르크주(구 뷔르템베르크 왕국의 수도)의 슈투트가르트Stuttgart 근처에 있는 한 마을이었다. 지역의 의사였던 케르너Justinus A. Kerner, 1786~1862는 소시지가 식중독을 일으켰다는 사실보다는 환자들이 호소하는 특별한 증상에 관심을 가졌다. 식중독 환자들이 배탈이나 설사보다는 신경마비 증세를 보였고, 일부는 호흡 마비로 사망에까지 이르렀기 때문이다. 이 사건은 세계 최초의 '소시지 식중독sausage poisoning'으로 보고되었다(1829).

이후 벨기에의 미생물학자 에르멩겐Emile-Pieree van Ermengen이 1895년 식중독으로 사망한 환자의 시신에서 이 세균의 실체를 밝혀

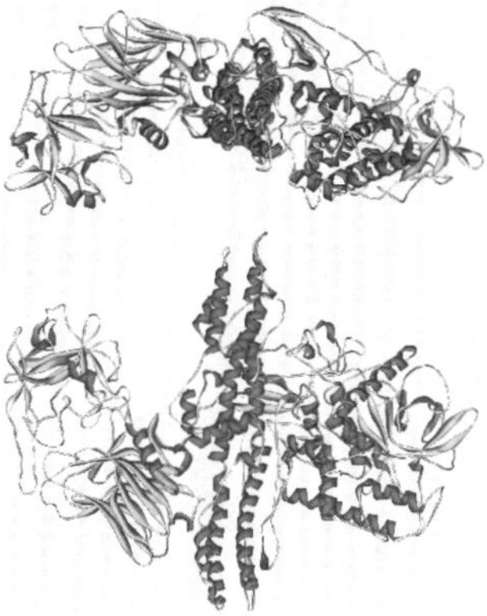

▲ (왼쪽부터) 보툴리눔 독소에 의한 식중독을 처음 발견한 유스티누스 케르너, 보툴리눔 독소

내 '바실루스 보툴리누스Bacillus botulinus'[09]라고 명명했다. 이것이 훗날 다시 이름이 바뀐 '클로스트리디움 보툴리눔Clostridium botulinum'이다.

소시지나 통조림이 생산 과정에서 제대로 가열되지 않거나, 운반 또는 보관 과정에서 세균에 감염되면 식중독을 일으킬 수 있다는 사실이 처음 보고된 이후, 그 독소의 정체를 확인하기까지 60년 이상이 더 소요된 것이다. 보툴리눔… 왠지 어디선가 들어본 듯 친숙하지 않은가?

다시 54년이 지난 1949년, 영국의 의사 겸 약리학자 버겐Arnold Burgen은 보툴리눔 독소가 운동신경 말단에서 분비되는 신경 전달 물질인 아세틸콜린의 방출을 방해함으로써 근육을 이완하고 마비 증상을 일으킨다는 사실을 밝혀냈다. 아이러니하게도, 버겐이 밝힌 보

09 라틴어로 소시지 중독을 일으키는 막대기 모양의 긴 균이라는 뜻. 'botulinus'는 라틴어로 소시지, 'bacillus'는 막대 모양의 균(간균, 杆菌)을 의미한다.

툴리눔 독소의 작용 기작은 의료계의 다른 분야에서 빛을 발하기 시작했다. 보툴리눔 독소가 의학계 전반적인 분야의 치료제로 활용되는 길이 열린 것이다.

그 시작은 미국의 안과의사 앨런 스콧Alan B. Scott에 의해 이루어졌다. 그는 1971년 동물실험을 통해 보툴리눔 독소가 사시와 안검경련[10]을 완화한다는 연구 결과를 발표했고, 미국 식품의약국FDA은 1989년 사시와 안검경련 치료제로 보툴리눔 독소의 사용을 승인했다.[11]

한편, 스콧 연구팀에서 일하던 캐나다 안과의사 진 카루더스Jean Carruthers는 모국으로 돌아가 임상실험을 계속했다. 그러던 중, 안면경축 환자의 눈 주위와 이마에 보툴리눔 독소를 주사했을 때 안면경축 증상이 완화될 뿐만 아니라 환자의 인상이 좋아지는 것을 발견했다. 그녀는 피부과 의사였던 남편 알테어 카루더스Altair Carruthers에게 이 사실을 알렸다. 알테어는 즉시 병원 여직원에게 보툴리눔 독소를 주사하여 확인했다. 결과는 대성공이었다. 이때부터 우리가 아는 보툴리눔 독소(제품명: 보톡스)의 주름 개선 효과가 입소문을 타기 시작했다. 전설의 시작이었다.

2000년 미국 식품의약국은 보툴리눔 독소를 경부 근육 장애로 인한 사경 및 경추 동통 치료제로, 2002년에는 미용 목적의 의료 행위에 사용되는 주름 치료제로 승인했다. 2004년에는 다한증[12] 치료제

10 눈가의 안륜근(眼輪筋)이 경련을 일으켜 정상보다 눈 깜박임 증상이 많은 상태.

11 당시 제품명은 오큘리눔으로, 이후 판매사인 앨러간사가 보톡스로 개명해 다시 승인받음.

12 땀의 분비량이 정상인보다 많은 증세.

로도 승인받으며 보톡스의 무한한 능력이 다시 한번 인정받게 된다.

베놈과 포이즌의 특성

여기서는 대중에게 익숙한 신경 독성물질인 보툴리눔 독소를 예로 들었지만, 사실 베놈의 독성을 잘 다스려 인류에게 꼭 필요한 치료제로 쓰이는 사례가 여럿 있다. 자라라카 독사의 독은 고혈압 치료제, 피그미방울뱀의 독은 심정지 치료제, 벌의 독은 관절염과 에이즈 치료 및 항암제로, 도마뱀의 독은 당뇨병 환자들의 인슐린 분비를 돕는 주사제로 개발되었다.

우리의 일상에서 빼려야 뺄 수 없는 커피 속 카페인도 사실은 독성물질이다. 카페인은 알칼로이드 독성을 갖고 있는데, 병충해를 막기 위해 식물 스스로 만들어낸 기피물질이다. 흥미롭게도, 카페인의 각성 효과는 우리 몸속의 진정 작용을 방해함으로써 발현된다. 밤늦게 일하거나 시험공부를 해야만 하는 수험생들이라면 잠을 쫓는다는 이유로 커피 한 잔쯤 마셔보았을 것이다. 당장 졸음은 피할 수 있지만, 건강에는 좋지 않다. 우리 몸은 스스로 해로운 물질을 몸 밖으로 배출해내려는 자정능력을 가지고 있다. 카페인이 많이 들어 있는 차를 마시면 소변이 자주 마려운 것도 그런 이유에서다.

독이지만 독이 아닐 수 있는 이유

우리는 앞에서 보툴리눔 독소의 역사를 이야기했다. 그러나 절대 잊지 말아야 할 것은 보툴리눔 독소가 지금까지 알려진 가장 강력한 신경 독성물질이라는 사실이다. 이론적으로만 계산한다면, 제2차 세계대전 당시 4kg으로 전 인류를 독살시킬 수 있을 것으로 예측되었다.

자칫 죽음과 직결될 수 있는 치명적인 독이 사람을 살리는 중요한 치료제가 될 수 있다는 사실이 생소하고 낯설게 느껴질 수도 있다. 하지만 독성물질이 어떻게 쓰이느냐에 따라 약도 되고 독도 되는 양면성은 과학자들에게 인류를 구원할 신약 개발이라는 사명감을 고취하는 연구과제이다. 이런 사명감과 과학적 호기심 덕분에 영국 과학자 알렉산더 플레밍Alexander Fleming, 1881~1955이 푸른곰팡이에서 최초의 항생제인 페니실린을 만들 수 있었다. 그의 위대한 발견 덕분에 인류는 수은 중독에 걸리지 않고도 매독을 치료할 수 있었으며, 불치병이었던 폐렴과 파상풍, 감염으로 인해 생기는 온갖 염증으로부터 구원받았다.

독에서 약을 만드는 예

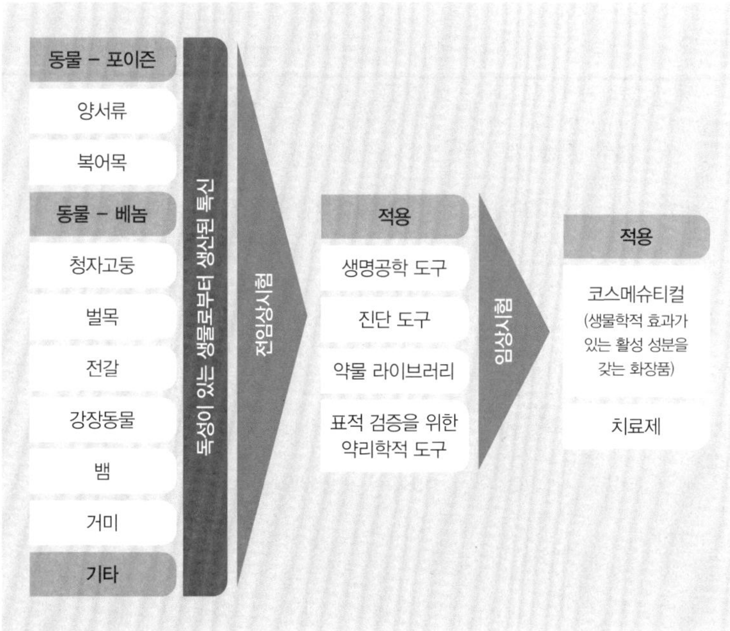

© https://www.frontiersin.org

이렇게 독이 중요한 치료제가 될 수 있었던 비결은 독성이 가져오는 부정적 영향을 순화시킬 방법을 찾아 인체에 더 유리하게 조절하거나, 독성을 최소화하고 효과를 극대화하는 사용법과 농도를 제시했기 때문이다. 세상에서 가장 강력한 신경 독성물질인 보톡스가 치료제가 된 것처럼, 독소가 몸에서 문제를 일으키는 기전을 밝히고 효과적인 사용법과 필요한 용량 등을 제시한다면, 우리는 더욱 풍요로운 삶을 누릴 수 있을 것이다.

이와 관련된 반가운 소식이 있다. 2020년 12월 국내 언론에서 전한 '조개 속 독소'와 관련된 소식으로 한국해양과학기술원KIOST 신현호 책임연구원 연구팀이 마비성 패류독소를 유발하는 식물플랑크톤인 '센트로디니움'을 대량 생산하는 기술을 국산화하는 데 성공했다는 내용이었다.[13] 이에 대해 〈동아사이언스〉 기사에서는 "표준물질을 생산하려면 대량 배양 설비를 만들어 독소를 안정적으로 생산하는 기술, 불순물을 제거하는 첨단 정제 기술도 필요하며, 마비성 패류독소의 독특한 생리활성 기능과 강한 독성을 적절하게 조절하면 근육이완제나 진통제 같은 의약품으로 활용할 수 있다."고 소개했다.

기사의 내용을 다시 요약하자면, 맹독을 이용해 인류에게 유용한 약을 개발하기 위해서는 독소의 독성 정도와 독성을 유도하는 성분을 객관적으로 분석하는 데 사용할 표준물질이 필요하며, 이런 표준물질을 생산하기 위해서는 마비성 패류독소의 근원인 식물플랑크톤을 대량 생산하는 기술이 필요하다는 것이다.

13 "진통제로 쓰는 '조개 속 독소' 대량 배양 기술 국산화 성공", 〈동아사이언스〉, 2020년 12월 21일 자.

식중독 원인물질이 사시와 안검경련을 위한 치료제로 승인받기까지 약 100여 년에 걸쳐 수많은 연구자가 노력을 기울인 것처럼, 독성이 알려진 물질이 인류를 질병으로부터 구제해줄 신약으로 재탄생하기까지는 다양한 분야에서 이루어지는 과학자들의 연구와 오랜 시간이 필요하다.

과유불급, 약도 때로는 독이다

"용량이 독을 만든다."

500년 전, 독성학의 아버지로 불리는 의사 파라셀수스Paracelsus[14]가 남긴 말이다. 어떤 물질이 약인지, 독인지를 구분하는 것은 결국 용량이라는 뜻이다. 다시 말해, 세상의 모든 물질은 그 용량에 따라 독이 될 수도 있고 약이 될 수도 있다.

독. 분명 독이다. 그런데 따지고 보면, 독이 아닌 것이 무엇일까 싶다. 생물을 살게 하는 햇빛도, 우리의 감정을 꿀처럼 달콤하게 만드는 사랑도 결국 지나치면 독이 아니던가. 아마도 독이 건강을 해치는 독이 아닐 수 있는 이유는 독을 유용하게 사용하려는 인류의 현명하고 지혜로운 노력 덕분일 것이다. 그런 노력은 독성학자, 의사, 생

14 파라셀수스(Paracelsus, 1493~1541)는 고대에서 중세로 이어진 그리스 의학의 전통을 전면 부정하고 새로운 의학의 전통을 세운 선각자이자, 모든 질병은 외부에 원인이 있다고 생각한 근대 의학의 선구자이다. 『몸의 역사-의학은 몸을 어떻게 바라보았나』, 살림지식총서 274, 살림출판사, 2013.

물학자 등 많은 과학자에 의해 끊임없이 지속되었다.

앞에서 잠시 이야기했지만, 독이 약이 되기 위한 본질적인 조건은 농도(양)다. 반대로 약이 독으로 변할 수 있는 가장 중요한 원인 또한 농도다. 우리에게 가장 친근한 진통제인 타이레놀이 안전상비의약품 중 부작용 신고가 가장 많은 품목이라는 2015년 발표자료를 보며, 독성학을 공부한 사람으로서 뜨끔했던 순간이 기억났다.

2010년 입사한 연구원의 사무실이 일주일도 되지 않아 옆 동으로 이사했을 때의 일이다. 신입인 나는 실험 때문에 짐을 나를 수 없었던 선배 연구원의 짐을 날라주었다. 그러다 사고로 인대가 늘어났는지 팔이 너무 아팠다. 계속되는 연구로 시간을 내기 어려워 병원에 간다는 말도 하지 못하고, 가지고 있던 타이레놀을 연거푸 세 번을 먹었다. 그러자 어느 순간 팔이 부어오르기 시작했다. 그제야 내가 방심했다는 사실을 깨달았다. 타이레놀 과다복용으로 인한 부작용이 나타난 것이었다.

얼마 전, 코로나19 백신 이상 반응에 대한 대비로 타이레놀 품절 사태가 벌어졌다는 보도를 보았다. 타이레놀의 성인 기준 1일 권장 복용량은 최대 4,000mg이며, 과도한 용량을 장기간 복용하게 되면 간과 신장에 문제가 생길 수 있다. 여기서 기억해야 할 것은 '과도한 용량'의 기준은 개인마다 다를 수 있다는 점이다. 아스피린 또한 과다 복용하면 소화성 궤양을 일으킬 수 있다. 감기약 성분인 벤조산나트륨이 비타민C와 만나 발암물질인 벤젠으로 변환된다는 논란도 있어, 감기약을 복용할 때는 반드시 의사나 약사의 처방대로 복용해야 한다.

지나쳐서 문제가 되는 것은 약뿐만이 아니다. 식품과 생활용품에도 다양한 화학물질이 사용된다. 미국에서는 식품의약국이 이를 관리하며, 우리나라는 식품의약품안전처[15]가 사람의 건강에 위해가 되지 않는 첨가물(화학물질)을 지정하고, 그 성분의 규격과 사용기준을 정하고 있다.

우선, 식품에 첨가되는 여러 화학물질을 살펴보자. 식품위생법 제2조 제2호에서는 식품첨가물에 대해 "식품을 제조·가공·조리 또는 보존하는 과정에서 감미甘味, 착색着色, 표백漂白 또는 산화 방지 등을 목적으로 식품에 사용되는 물질을 말한다. 이 경우, 기구용기 포장을 살균소독하는 데에 사용되어 간접적으로 식품으로 옮아갈 수 있는 물질을 포함한다."라고 정의하고 있다. 그 용도를 고려하여 보존료, 살균제, 산화방지제, 착색제, 발색제, 표백제, 조미료, 감미료, 향료, 팽창제, 강화제, 유화제, 증점제(호료), 피막제, 껌기초제[16], 거품억제제, 용제, 개량제 등 총 32가지로 분류하고 있다. 식품위생법 제7조는 판매를 목적으로 하는 식품첨가물로 신규 지정 또는 개정을 받기 위한 기준과 규격에 대해 안내하고 있는데, 이 과정에서 실험동물을 이용한 전임상시험을 통해 안전성 검증이 반드시 이루어져야 한다. 일반적으로 실제 판매되는 가공식품에는 안전성 검증에서 도출된 1일 섭취 허용량보다 적은 양이 첨가된다.

15 식품의약품안전처(Ministry of Food and Drug Safety)는 식품과 건강기능식품, 의약품, 마약류, 화장품, 의약외품, 의료기기 등의 안전을 관장한다.

16 껌을 만들 때 기초가 되는 재료. 전분, 당류, 식물성 유지, 향료, 색소, 피막제 등의 첨가물과 함께 사용하여 껌을 만든다.

하지만 이렇게 엄격히 관리되고 있다고 무조건 안심하긴 이르다. 허용기준치는 한 사람이 매일 반복적으로 평생 섭취해도 안전한 수준으로 정해지지만, 때로는 실수로, 또 때로는 고의로 이를 어기는 업체들이 있기 때문이다.

일례로, 2008년 중국에서 발생한 '멜라민Melamine 분유 파동 사건'을 살펴보자. 중국 싼루 그룹 등이 단백질 함량을 늘리려고 주방 식기, 접착제, 페인트 등의 원료로 쓰이는 합성수지인 멜라민을 섞어 분유를 만든 사건이다. 이를 먹은 영아 432명이 신장결석에 걸렸으며, 그 중 6명이 세상을 떠났다. 또한 30만 명가량이 신장결석과 배뇨질환을 앓아 치료받았다. 부도덕한 기업체가 아미노산에 있는 질소가 단백질 함량 측정의 기준물질임을 이용한 불행한 사건이었다.

기존의 안전성 시험에서는 그 유해성이 밝혀지지 않아 안전한 식품첨가물로 분류된 물질이라고 하더라도, 시간이 지나면서 그 유해성이 밝혀져 사용이 제한되기도 한다. 이 경우, 장기간 섭취한 소비자들이 호소하는 개인적인 증상이 계기가 되어 그 유해성이 밝혀지는 경우가 많다. 그 대표적인 예가 식용색소 '적색 2호'다. 적색 2호는 딸기 사탕을 더욱 딸기색처럼 보이게 하는 등의 역할을 했던 인공색소다. 그러나 현재는 발암물질로 분류되어 사용이 금지 혹은 제한되었다. 여기서 '금지'는 이해할 수 있는데, '제한'은 소비자 입장에서 볼 때 좀 의아한 면이 있다. 제한이라는 것은 허용기준치를 극소량으로 하여 사용을 허락하고 있다는 것으로, 어린이가 즐기는 기호식품에는 금지됐어도 과자류 중에서 한과에는 허용하고 있다. 같은 식품이라도 한과는 어린이 기호식품이 아니므로 어린이가 노출될 가능성이 낮다는 것이 이유였다. 혹시라도 한과를 좋아하는 자녀를 둔 어머님들은 꼭 기억하자. 소량이지만 성인 기호식품에는 식용색소 '적색 2호'가 허용되고 있다.

식품첨가물의 용도별 분류

용 도	설 명	예 시
감미료	식품에 단맛을 부여하는 식품첨가물	아세설팜칼륨
고결방지제	식품의 입자 등이 서로 부착되어 고형화되는 것을 감소시키는 식품첨가물	이산화규소
거품제거제	식품의 거품 생성을 방지하거나 감소시키는 식품첨가물	규소수지
껌기초제	적당한 점성과 탄력성을 갖는 비영양성의 씹는 물질로 껌 제조의 기초 원료가 되는 식품첨가물	로진
밀가루개량제	밀가루나 반죽에 첨가되어 제빵 품질이나 색을 증진시키는 식품첨가물	염소
발색제	식품의 색을 안정화, 유지 또는 강화시키는 식품첨가물	아질산나트륨
보존료	미생물에 의한 품질 저하를 방지하여 식품의 보존기간을 연장하는 식품첨가물	소브산, 안식향산
분사제	용기에서 식품을 방출시키는 가스 식품첨가물	이산화탄소
산도조절제	식품의 산도 또는 알칼리도를 조절하는 식품첨가물	구연산
산화방지제	산화에 의한 식품의 품질 저하를 방지하는 식품첨가물	이.디.티.에이.이나트륨
살균제	식품 표면의 미생물을 단시간 내에 사멸시키는 작용을 하는 식품첨가물	차아염소산나트륨
습윤제	식품이 건조되는 것을 방지하는 식품첨가물	폴리덱스트로스
안정제	두 가지 또는 그 이상의 성분을 일정한 분산 형태로 유지시키는 식품첨가물	결정셀룰로오스
여과보조제	불순물 또는 미세한 입자를 흡착하여 제거하기 위해 사용되는 식품첨가물	규조토

영양강화제	식품의 영양학적 품질을 유지하기 위해 제조공정 중 손실된 영양소를 복원하거나, 영양소를 강화시키는 식품첨가물	비타민C
유화제	물과 기름 등 섞이지 않는 두 가지 또는 그 이상의 상(phases)을 균질하게 섞어주거나 유지시키는 식품첨가물	레시틴
이형제	식품의 형태를 유지하기 위해 원료가 용기에 붙는 것을 방지하여 분리하기 쉽도록 하는 식품첨가물	유동파라핀
응고제	식품 성분을 결착 또는 응고시키거나, 과일 및 채소류의 조직을 단단하거나 바삭하게 유지시키는 식품첨가물	염화마그네슘
제조용제	식품의 제조 · 가공 시 촉매, 침전, 분해, 청징 등의 역할을 하는 보조제 식품첨가물	니켈
젤형성제	젤을 형성하여 식품에 물성을 부여하는 식품첨가물	젤라틴
증점제	식품의 점도를 증가시키는 식품첨가물	펙틴
착색료	식품에 색을 부여하거나 복원시키는 식품첨가물	포도과피색소
청관제	식품에 직접 접촉하는 스팀을 생산하는 보일러 내부의 결석, 물 때 형성, 부식 등을 방지하기 위하여 투입하는 식품첨가물	청관제
추출용제	유용한 성분 등을 추출하거나 용해시키는 식품첨가물	이소프로필알코올
충전제	산화나 부패로부터 식품을 보호하기 위해 식품의 제조 시 포장 용기에 의도적으로 주입시키는 가스 식품첨가물	질소
팽창제	가스를 방출하여 반죽의 부피를 증가시키는 식품첨가물	탄산수소나트륨
표백제	식품의 색을 제거하기 위해 사용되는 식품첨가물	무수아황산
표면처리제	식품의 표면을 매끄럽게 하거나 정돈하기 위해 사용되는 식품첨가물	탤크
피막제	식품의 표면에 광택을 내거나 보호막을 형성하는 식품첨가물	밀납
향미증진제	식품의 맛 또는 향미를 증진시키는 식품첨가물	L-글루탐산나트륨
향료	식품에 특유한 향을 부여하거나 제조공정 중 손실된 식품 본래의 향을 보강시키는 식품첨가물	바닐린
효소제	특정한 생화학 반응의 촉매 작용을 하는 식품첨가물	알파-아밀라아제

© 식품안전나라 홈페이지

식품첨가물에 대한 국가별 기준이 다른 경우도 있다. 즉 우리나라에서는 금지 성분이지만, 외국 어느 나라에서는 허가된 성분일 수도 있고, 대분류에서 금지 또는 제한된 성분은 아니더라도 그 허용 농도가 다를 때도 있다.

그 예로, 프랑스가 2019년에 식품첨가물로 사용하는 것을 일시 중지한 타이타늄 나노입자[17]를 들 수 있다. 이 발표의 주된 핵심은 '사전예방주의 원칙'이었다. 호흡을 통해 유입되는 나노 크기의 타이타늄 입자가 발암성인 것이 확인되었다면, 식품을 통해 유입되는 것에 대해서도 안전성에 대한 충분한 근거자료가 확보될 때까지는 중단해야 한다는 것이었다. 프랑스는 이 성명서를 발표한 후 식품 등급의 타이타늄 나노입자의 안전성에 대한 다양한 독성자료를 제시했고, 2021년 5월이 되어서야 유럽 연합도 프랑스의 주장에 동의하는 성명을 냈다.

우울함을 달래줄 달콤한 간식이 줄어드는 것이 조금 아쉽긴 하지만, 늘어만 가는 뱃살을 고려하면 하얀 파우더가 얹힌 도넛이나 케이크가 덜 맛있어 보일 것 같아 한편으로 다행이라는 생각도 든다.

우리는 지금까지 안심하고 먹을 수 있는 식품을 고려할 때 주로 조미료나 방부제 함유 여부에만 신경을 곤두세웠다. 더욱이 일상 생활용품에 쓰이는 화학물질에 대해서는 그런 고민도 없이 너무 관대했을 수도 있다.

17 이산화타이타늄(E171). 나노 크기의 입자로 만들어 도넛, 추잉 껌, 마요네즈 등 여러 식품에 사용된다.

눈부시게 흰 옷이 극대화되어 청결의 대명사처럼 되어버린 지금, 혹시 적정 용량 이상의 세제를 사용하고 있진 않은가? 더 깨끗하게 화장실을 청소한다고 반드시 차가운 물을 사용해야 하는 락스를 뜨거운 물에 넣어 사용한 적은 없는가? 설마 희석하지도 않고 원액을 들이부어 맨손으로 청소용 솔을 문지르지는 않았는가?

'괜찮겠지.' '지금까지 아무 문제도 없었어.'라는 안일한 생각이었다면 이제부터라도 반드시 경계해야 한다. 샴푸도, 세탁용 세제도, 락스도 많은 용량을 사용한다고 해서 그 성능이 월등히 좋아지는 것은 아니다. 오히려 환경오염으로 이어져 생태계에 영향을 주고, 최종적으로는 생태계 제일 위에 자리 잡은 우리 인간에게 그 영향이 고스란히 전해진다. 세제와 섞어 쓴 락스가 오존층을 파괴하는 물질로 변해 지구의 종말을 가속화하고 있다는 것을 안다면, 세제나 락스를 매일 아침 떠먹는다는 상상을 한다면, 두 번 다시 그런 일을 반복하진 않을 것이다.

"시중에 나와 있는 제품은 안전한 것 아닌가요?"

"유명 회사 제품이라 믿을 수 있어요."

"성분의 함량이 허용기준치보다 낮다면 안전한 것 아닌가요?"

"안전하다는 말은 독성이 없다는 뜻이 아닐까요?"

"친환경이라고 해서 안심하고 있어요."

"제품에 무독성이라고 쓰여 있는데요?"

내가 만난 많은 사람이 이렇게 반문했다. 정말 그럴까? 많은 이의 말처럼 브랜드를 믿으면 되는 걸까? 관련 부처에서 관리하고 있으니 시판되는 모든 제품을 믿고 안심해도 되는 것일까? 허용기준치는 정말로 안전한 것일까?

그렇지 않다. 가습기살균제 사건을 돌아보자. 소비자들의 무한한 신뢰를 받는 유명 기업들의 제품이었는데도 엄청난 수의 피해자가 폐 손상으로 사망했으며, 살아남은 사람도 회복 불가능한 상태로 투병 생활을 이어가고 있다.

물론 대부분의 기업은 자사 제품의 품질 연구를 철저히 하여 소비자에게 피해가 가지 않도록 노력한다. 또한 식품의약품안전처에서도 국민의 건강과 안녕을 위해 불철주야 수고하고 있는 것 또한 사실이다.

그러나 우리는 신이 아니라 실수를 많이 하는 인간이며, 아는 것보다 모르는 것이 더 많은 부족한 존재다. 그렇기에 '관련된 보고가 없다.'고 무독성인 것이 아니라 '아직은 알 수 없다.'일 뿐이라는 것을 유념해야 한다.

또한 A라는 성분이 가진 독성에 대하여 모든 것을 완벽히 파악하는 것이 얼마나 어려운지도 알아야 한다. 더 큰 문제는 시중에서 판매되고 있는 제품에 사용된 화학물질의 허용기준치가 다른 다양한 성분들과의 복합작용Cotail effects을 고려하지 않은 농도라는 사실이다. A가 B라는 화학물질과 만나고, 그것이 또 C라는 물질과 섞여 어떤 반응을 일으킬지는 함부로 예단할 수 없다. 더구나 어떤 환경에서 안전한지, 소비자가 또 어떤 뜻밖의 환경을 만나게 될지 아무도 모른다.

실제로 가습기 하나만 예로 들어도, 차가운 물이 자체로 가동되는 것과 물을 데워 따뜻한 수증기가 피어오르는 가열식이 있지 않은가. 해당 제품이 가진 만 가지 조건을 염두에 두지 않고, 제품의 일부 성분만으로 어떻게 안전하다 장담할 수 있을까?

무지해서 수은으로 연고와 화장품을 만들던 시절이 지났다고 안전한 세상이 된 것은 아니다. 우리는 이전보다 더 많은 화학물질에 노출되어 있으며, 아직 그것들이 주는 영향력을 모두 파악하지 못하고 있다. 그렇기에 소비자 스스로 관심을 두고 현명해져야만 또 다른 가습기살균제 사건을 막을 수 있다.

독성물질로부터 안전한 세상을 꿈꾸다

안전을 위해 안전이 위협받는 세상

2020년 8월 14일, 논문 "라멜라 구조[18]의 형성이 염화디데실디메틸암모늄DDAC[19]으로 인한 독성반응 개시인자일 것이다."를 SCI급 저널인 〈독성학 및 응용 약리학Toxicology and Applied Pharmacology〉 온라인판에 발표했다. DDAC는 미국 환경청에 등록된 4가 암모늄 계열 살균·소독제 성분 중 하나로, 보도자료에 따르면 코로나19 대응 살균·소독제에도 함유되어 있다고 한다.

나는 2016년부터 가습기살균제 사건을 일으킨 다양한 성분들의

18 lamellar body structure, 층상체 구조(層狀構造).

19 DDAC(Didecyldimethylammonium chloride). 소독제와 살균제로 사용되며, 피부자극성과 안자극성이 있다. 생식발생독성시험에서 차산자의 체중 감소, 골격기형, 태자 사망 등이 관찰되었다. 출처: 식품의약품안전처 식품의약품안전평가원.

독성 기전을 연구했는데, DDAC 연구는 그 일환이었다. 당시에만 해도, DDAC는 가습기살균제 성분 중 상대적으로 관심을 덜 받고 있었고, 전 세계적으로도 이 성분에 의한 독성 기전 관련 연구가 매우 드물었다. 실험은 인간의 기관지 상피세포BEAS-2B와 실험용 쥐를 사용하여 DDAC의 폐 질환 유도 가능성과 그 독성 기전을 찾는 데 초점을 맞추었다.

결과는 그야말로 참담했다. DDAC는 4μg/mL(0.0004%) 농도에서 세포의 생존율을 급격하게 감소시켰으며, 세포 내 소기관 손상과 함께 세포의 자살과 세포막의 손상을 유도했다. 아울러 쥐의 기관지에 직접 500μg의 DDAC를 단 한 번만 투여했을 때 14일까지는 정상적으로 생존했지만, 2회 투여한 쥐는 만성 섬유성 폐 병변이 뚜렷하게 관찰되면서 결국 사망했다.

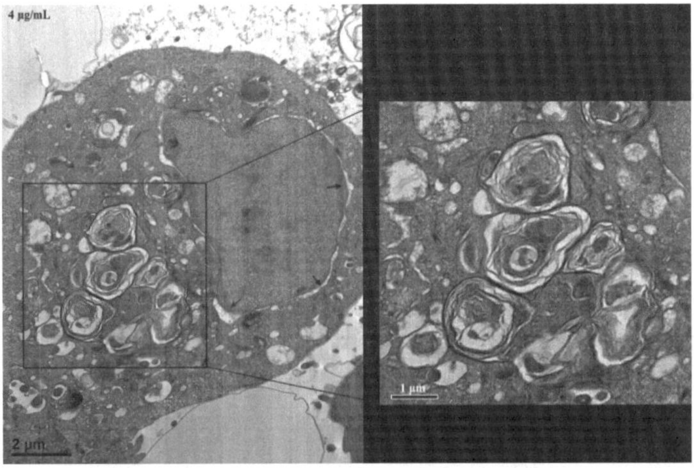

▲ 사람의 기관지 상피세포에서 발생한 라멜라 구조

이렇게 DDAC에 노출된 사람의 기관지 상피세포와 쥐의 폐조직에서는 라멜라 구조와 유사한 구조가 생성된다는 것을 발견했다. 라멜라 구조Lamellar Bodies는 지질 이중 층으로 만들어진 막이 겹겹이 쌓인 것으로, 소량의 물을 포함한 인지질 중에서도 가장 안정된 구조다. 호흡기를 통해 반복적으로 노출되면 분해되어 몸 밖으로 배출되지 않고, 오히려 안정된 구조로 체내에 축적되어 폐 질환을 유도할 수 있다는 무서운 결과였다.

그런데 코로나19 팬데믹이 확산되면서 4가 암모늄 계열 성분이 함유된 살균·소독제가 공중에 뿌려지기 시작했다. 성분은 다르지만, 하루가 멀다고 방역을 위한 신제품이 쏟아져 나왔다. 심지어 그중에는 '무독성'을 표시한 제품도 있었다. 문득 소비자에게 일어날 수 있는 다양한 노출 시나리오를 고려하여 제대로 된 안전성 평가가 이루어졌을지 의문이 들었다. 이렇게 짧은 시간에 그것이 과연 가능했다는 말인가?

나는 두렵고 불안했다. 혹여 가습기살균제 사건이 대규모로 확장되면 어쩌나 눈앞이 캄캄했다. 당시 코로나19 팬데믹 이후 조직된 경희 K-방역 팀에 참여하는 많은 전문가가 이에 공감하며 용기를 북돋워주었다. 그 덕분에 더 큰 재앙을 막아야 한다는 절박한 심정으로 난생처음 인터넷 신문사에 기고문도 썼다.

그런데 아무도 읽지 않았는지 반응이 없었다. 바로 그때 DDAC의 독성 기전을 연구한 논문이 통과되었다. 다시 용기를 내어 보도자료를 냈다. 그러자 언론과 국민의 관심이 집중되며 전혀 다른 반응이 돌아왔다. 물론 오보도 있었다. 나는 "COVID-19를 위한 분무소독제

일부에 4가 암모늄 계열 성분이 함유되어 있고, DDAC는 대표적인 4가 암모늄 계열 성분이다."라고 발표했으나, 일부 언론에서 손 소독제에 주로 사용되고 있는 것처럼 사진을 첨부하여 보도했다.

잘못을 바로잡기 위해 더욱 적극적으로 기자 인터뷰에 응했다. 시간이 지나면서 오보로 인한 혼란은 잦아들었고, 모두들 DDAC를 비롯한 4가 암모늄 계열에 대한 호흡기 노출의 위험성을 인지하며 주의를 기울였다. 특히 여러 행정 기관이 동참해 변화를 주도하기 시작했다. 그 덕분에 2021년 7월, 식품의약품안전처 고시 내용에서 염화벤잘코늄이 들어 있는 외용소독제는 뿌리는 용도로 사용하지 못하도록 바뀌었다.

무엇보다도 4가 암모늄 계열 이외의 살균·소독제 성분의 유해성에 대한 대중의 관심이 높아졌다. '살균·소독제'로 쓰일 수 있다는 말은 결국 해로운 생물체를 죽이거나 증식을 억제할 수 있는 기능이 있는 제품이라는 의미다. 그렇다고 이 제품이 해로운 생물체인지, 해가 없는 생물체인지를 구분할 수 있는 능력은 없다. 따라서 '살균·소독제'는 우리 몸을 이루는 세포를 비롯해 모든 세포에 평등하게 그 기능을 발휘한다.

해가 없는데 효과는 우수한 살균·소독제는 근본적으로 있을 수 없다. 해가 없으면서 효과가 없거나, 몸에 해로우면서 효과가 뛰어난 두 종류만이 있을 뿐이다. 그 독성은 얼마나 정확하게 용법과 용량을 준수하였는가에 따라 결정된다. 더 안전하게 사용하기 위해서는 가급적 공기 중 분무 대신 닦아내는 방식을 취해야 하며, 불가피한 경우 분무를 하더라도 분무 후에는 반드시 멸균된 천으로 닦아야 한다.

효율적인 살균 및 소독을 위해 제조사에서 권장하는 시간이 경과한 후 멸균된 천으로 한 번 더 닦는다면 더욱 안전하게 사용할 수 있다.

아울러 가능하다면 손 소독제를 사용하기보다 손을 물로 자주 씻는 것이 좋다. 물이 없어 불가능한 경우에는 손 소독제를 이용하되, 물을 사용할 수 있는 장소로 옮겼을 때 씻는 것이 바람직하다. 판매 승인된 살균·소독제들의 작용 기전이 모두 같은 것은 아니지만, '살균·소독'이라는 최종 목적은 같다. 따라서 그 종류와 상관없이 눈과 입에 닿지 않도록 주의해야 한다.

2016년부터 꾸준히 가습기살균제 성분과 관련된 연구 결과를 발표하던 나는 코로나19 팬데믹 초기에 분무소독하는 모습을 보면서도 독성학자로서 이러한 주장을 언론에 공개할 수 없었다. 당시는 전문가들조차 원인 모를 감염병으로 혼돈에 빠져 있었고 국민은 공포에 휩싸인 시기였다. 나의 주장이 과학적으로 100% 옳다고 하더라도 공감대가 이루어져 변화가 시작되는 것이 아니라, 오히려 사회적 혼란만 가중될 것이 분명했다.

그런데 DDAC의 독성 기전 논문이 통과되면서 한 인터뷰들 덕분에 내가 미처 챙기지 못했던 많은 암울한 상황을 전해듣게 되었다. 그중 하나가 인공방제 관련 사건으로, 4가 암모늄 계열 성분이 함유된 살균·소독제가 임진강 일대와 접경지역에 2,000L나 공중 살포되었다는 소식이었다. 임진강에 직접 뿌리지 않았다는 농림부의 발표와는 달리, 환경부에서 시료를 검사하자 살포 후 석 달이 지났음에도 소량의 4가 암모늄 계열 성분이 검출됐다. 4가 암모늄 계열이 위험한 이유 중 하나가 물, 토양, 생체 등에서 분해가 매우 느리고, 세포막에 대한 결합력이 뛰어나다는 것이다. 일반적으로 알려진 토양 또는 물 중 4가 암모늄 계열의 반감기는 250일 정도에 이른다. 접경지역의 방역은 멧돼지가 옮기는 아프리카 돼지열병(ASF 바이러스)을 차단하기 위한 일이었지만 상공에서 분사하게 되면 호흡기에 노출될 가능성이 있고, 물과 토양에 축적돼 인체에 간접 영향을 줄 수 있다.

간혹 인간의 안전을 도모하기 위한 방역이 무지와 실수로 인해 오히려 인간에게 위협이 되곤 한다. 또 누군가는 빠르고 간편하게 사익을 추구하기 위해 모르는 척, 혹은 실수인 척 독성물질을 사용하여 발각되고 법의 심판을 받기도 한다.

정말 안심하고 살 수 있는 안전한 세상이라고 장담할 수 있을까? 독성학자인 나로서는 의구심이 들고 책임감이 막중해진다. 가습기살균제와 같은 사건이 또 일어나지 않는다는 보장을 어떻게 할 수 있을까?

위험에 노출된 아이들의 환경

이제 중금속 중독이 얼마나 위험한지 모르는 사람은 없다. 그런데 2016년 여름, 대한민국의 모든 부모는 불안에 떨기 시작했다. 교육부에서 실시한 전국 2,763개 초·중·고교 운동장에 깔린 우레탄을 전수 조사한 결과, 1,767개 학교가 기준치를 초과하여 불합격 판정을 받았기 때문이다.

우리 기억 속의 운동장은 비가 오면 온통 물구덩이에 질척이고, 그렇지 않은 날은 흙먼지를 그대로 마셔야만 했던 곳이다. 우레탄 매트를 깔게 된 것은 먼지가 없고, 아이들이 뛰다 넘어져도 다칠 가능성이 줄어서였다. 그런데 아이들이 뒹굴듯 뛰어놀고, 격한 운동으로 지칠 때 바닥에 앉아 쉬기도 하는 운동장이 중금속투성이였다니… 어른이자 부모로서 어떻게 이런 무책임한 일이 벌어진 것인지 따지지 않을 사람이 누가 있을까. 심지어 1,767개교 중에서 15개교는 무려 100배, 25개교는 50배가 넘었다. 그런데 관련 기사의 마지막 부분에서 더욱 의아한 점이 있었다. 새 우레탄으로 교체하는 공사비로 예산을 약 1,475억 원 배정했다는 내용이었다. 새 우레탄에서는 유해 중금속이 나오지 않는 걸까?

이해되지 않는 것은 또 있었다. 안전해야 할 우리 아이들의 환경이 중금속에 오염되어 있다는 뉴스가 매년 반복되고 있다는 사실이다. 돌아보면 우레탄 매트 이전에도 이미 운동장의 인조잔디에서 중금속이 발견되어 사회 문제가 되었다. 내가 기억하는 그 뉴스가 2010년이었는데, 당시 인조잔디 운동장을 사용한 초등학생들의 손에서 납과 아연, 프탈레이트 등 유해물질이 검출되었다고 한다.

모든 중금속이 위험하지만, 납은 체내에 축적되었을 때 저절로 농도가 반으로 줄어드는 반감기가 다른 중금속보다도 상대적으로 길다. 또한 체내에 축적되어 오랜 시간이 지난 후 그 독성이 나타나므로, 발병했을 때는 이미 치명적인 상태라고 볼 수 있다. 납에 중독되면 뇌와 신경계통에 지장을 초래하여 정신이상, 신체 마비, 빈혈, 구토가 일어나는 증상을 보이며, 심한 경우 1~2일 이내에 사망할 수도 있다.

어린이들은 성인과 달리 적은 양에도 더욱 위험한 증상들이 나타난다. 주의력이 저하되고, 지능지수가 낮아질 수 있다. 읽고 배우는 데 장애가 생겨 학업에 영향을 줄 수 있고, 성장이 지연되거나 성격도 포악해질 수 있다. 그 외에도 비정상적으로 과민해지는 증상이 나타나기도 한다. 이런 큰 문제가 생기는데도 어린이의 필수 환경이라 할 수 있는 학교에서 중금속이 기준치 이상으로 검출되고 있으니 부모의 걱정과 분노는 당연하다.

납중독 초기에 나타나는 증상은 의외로 가벼워 납중독을 의심하지 못하는 경우가 많다. 식욕부진과 변비, 배가 더부룩한 복부 팽만감이 나타나며, 증상이 악화하면 급성복통으로 고통받게 된다. 또한 대부분의 납중독 환자들이 권태감과 함께 불면증, 노이로제, 두통을 겪게 되고 얼굴이 창백해져 납빛으로 변하게 된다.

여기까지의 증상들로는 납중독을 의심하지 못할 수도 있다. 그러나 잇몸에도 얼굴처럼 납빛 줄이 생기고, 눈가와 손에 잦은 경련, 근육통과 관절통이 생기며, 손이나 팔에 마비가 나타나면서 증상이 더욱 심각해진다.

가장 큰 위험은 납중독이 일으키는 중추신경계 장애다. 뇌까지 침투한 납이 우리 몸의 각 부분에서 받아들인 신경 정보가 전달되는 것을 방해하여 장애를 일으키는 등 회복이 거의 불가능한 극도의 뇌중독 증상이 일어난다. 정신착란, 경련, 발작이 일어나는데, 어린이는 어른보다 낮은 농도에서도 신경장애가 나타날 수 있다.

언뜻 생각하기에 납을 포함한 중금속 오염은 산업현장에서나 있을 법한 일처럼 느껴진다. 그러나 자동차의 매연, 납이 든 페인트, 산업 시설에서 뿜어내는 분진 속의 납과 중금속은 공기 중에서 먼지에 흡착되어 사람이 숨을 쉴 때 인체 내로 들어온다. 또한 식탁 위에 놓이는 밥(곡류)과 반찬(야채, 육류, 어류) 등 모든 곳에서 발견된다. 다만, 철저하게 통제하여 기준치 이하로 관리되고 있어서 우리의 건강이 급속도로 나빠지는 일이 예방되고 있을 뿐이다.

문제는 기준치를 넘겨 사람의 생명을 위협하는 중금속 함유 제품이 해마다 쏟아지고 있다는 사실이다. 환경부, 식약처, 산업안전보건공단 등 정부의 관계기관이 아무리 노력해도 계속 반복되고 있으니, 이들의 안전불감증은 아마도 그들이 만든 제품을 사용한 가족이 겪는 고통을 보기 전에는 치유되지 않을 것 같다.

이와 유사한 사건은 해마다 빠지지 않고 발생했다. 2021년 2월에 총 23개 품목의 622개 어린이 제품을 검사했는데, 50개 제품이 안전기준을 위반하여 중금속이 검출되었고, 그 중에서 학용품이 11개나 됐다. 학용품 외에도 어린이 의류부터 신발, 장난감 등 어린이들이 사용하는 거의 모든 품목에서 유해성분이 검출되었다. 그야말로 이런 제품이 없었던 구석기 시대로 돌아가지 않는 이상, 우리 아이들을 중금속 오염으로부터 최소한의 안전도 보장할 수 없는 세상인 것만 같다.

독성학자로서 더 놀라운 사건은 '아기 욕조 사건'이었다. 일반적으로 아기 욕조는 아기들이 놀라지 않도록 따뜻한 물을 사용한다. 따라서 제품 판매 전 일정 온도의 물을 채웠을 때 유해성분이 물로 용출되어 나오는지에 대한 성분 분석이 반드시 이루어져야만 한다. 그러나 일명 '다이소 욕조 사건'에서는 이 성분 분석이 제대로 이루어지지 않았다. 욕조를 사용한 신생아와 부모의 피부에서 이상 증상이 발생한 사례가 잇따랐고, 심지어 간과 신장이 손상된 아기도 있었다. 조사 결과, 환경호르몬인 프탈레이트계 가소제 성분이 기준치의 612.5배 검출되었고, 급기야 산업부가 리콜 명령을 내렸다. 이미 9만 개 이상 팔린 뒤였다.

안전한 세상은 인류의 지혜로부터

수많은 독성물질에 노출된 현대를 바라보는 한 사람으로서 '구석기 시대라면 안전할까?'라는 질문을 자주 접한다. 자연으로 돌아가는 것만이 독성물질로부터 안전해지는 유일한 방법처럼 보인다.

그런데 이것은 정말 기막힌 착시 현상이라고 할 수 있다. 엄밀히 말하자면, 구석기 시대에는 독성물질로 오염된 생활용품이나 학용품, 의류 등 문명이 발달하면서 생겨난 물건들이 없을 뿐이지 몸에 해로운 독성물질이 없었던 것은 아니기 때문이다.

정확하게 표현하자면 그때도 위험했고 지금도 위험하다. 다만 현재가 더 위험하게 느껴지는 이유가 있다. 문명은 오랜 세월 인간의 다양한 욕구를 반영하며 문화의 발전과 고도의 산업 성장을 동반해 왔다. 이 과정에서 화학물질은 빠지지 않고 등장했으며, 손을 씻는 비누부터 학용품, 의류, 컴퓨터, 스마트폰, 자동차에 이르기까지 화학물질을 사용하지 않는 곳이 없다. 쉬운 말로, 최첨단 산업체인 반도체와 디스플레이 공장에서 화학물질을 쓰지 않고서는 제품을 생산하기란 불가능하다는 뜻이다.

그렇기에 독성물질의 종류와 접촉 빈도로 본다면, 독성물질이 구석기 시대보다 현시대에 월등히 인간 생활에 깊숙이 파고들었다고 볼 수 있다. 그런데 인간은 참으로 현명하고 슬기롭다. 이 많은 독성물질을 이용하고 통제하여 유리하게 사용할 줄 안다. 물론 독으로 사람을 살상하려는 악의가 없을 때의 이야기다.

지구상에 인류가 등장한 이래, 독을 처음 알게 된 것은 분명히 우연한 일이었을 것이다. 알몸으로 숲을 걷다 독이 있는 뱀과 벌레에 물렸을 수도 있다. 또는 먹음직스럽게 생긴 열매나 풀을 먹고 환각이나 고열에 시달리다 사망에 이르렀을 수도 있다. 그렇게 학습한 풀, 벌레, 뱀, 거미 등의 독을 기억한 인류는 이를 혼자만의 지식으로 삼지 않았다. 가족, 이웃, 친구 등에 알리고 선대가 후대에 남기는 지식이자 유산으로 삼았다.

독성학의 시초는 동굴에서 생활하던 원시인들이 독을 생활에 활용하면서부터다. 그들은 동·식물의 독을 추출하여 화살촉에 발라 사냥에 이용할 줄 알았다. 기원전 1,500만 년의 기록을 보면 독미나리, 아편과 독화살 등을 사냥이나 전쟁, 범죄자 사형에 사용했다는 것을 알 수 있다.[20]

지금의 우리는 독성을 가진 물질을 활용해 생명을 구하는 치료제를 만드는 시대에 살고 있다. 5백 년 전 파라셀수스가 "인간을 병들게 하는 것은 인간을 치료할 수도 있다."고 말한 것처럼 인간에게 유리한 용량과 치사량을 구분할 줄 알게 되었으며, 나아가 더 많은 독성물질을 발견하고 연구하여 활용하게 되었다.

20 국립독성연구원, 『알기 쉬운 독성학의 이해』, 2007.

대표적인 화학물질의 독성 크기 비교

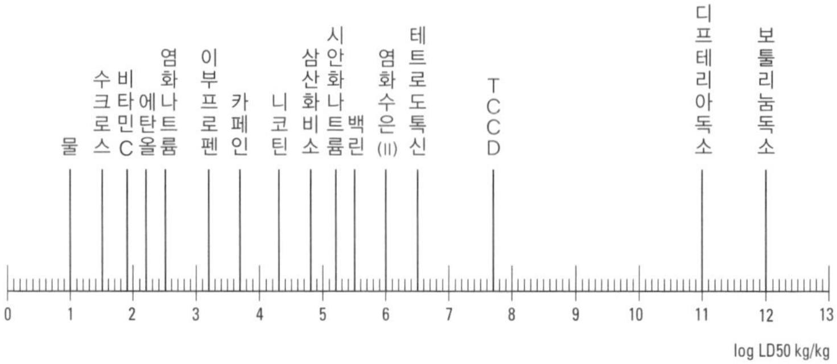

▲ 반수 치사량(Lethal Dose 50, LD_{50})은 피실험동물에 실험대상 물질을 투여할 때 피실험동물의 절반이 죽게 되는 양을 말한다. 표에서 수치가 높을수록, 즉 오른쪽으로 갈수록 독성이 강하며, 물은 LD_{50}의 로그 스케일에서 1의 값을 가진다.

이들 독성물질로부터 안전한 세상을 꿈꾸고 있다면 우리의 할 일은 명확해진다. 모든 생활용품을 비롯하여 산업공정에 필요한 화학물질을 다룰 때 이 물질들의 물질안전정보에 기록된 주의사항을 지키는 것이다. 인체에 유해하므로 반드시 지키라고 만든 주의사항이다. 산업현장에서의 독성물질 관련 안전 수칙은 돌이킬 수 없는 대형사고를 막기 위해 존재하므로 특히 더 지켜져야 한다.

또한 우리가 사용한 샴푸, 바디클렌저, 주방세제, 세탁용 세제와 같은 계면활성제가 강과 바다를 오염시키고 다시 우리 가족의 몸으로 회귀한다는 것을 잊지 않는다면 단 한 방울도 무심코, 습관처럼 사용하는 일은 사라질 것이다. 과학자들의 끝없는 연구와 인내, 정부와 관계기관의 멈추지 않는 안전진단, 전 국민의 관심과 부단한 노력이 함께할 때 안전한 세상이 올 것임을 확신한다.

가족을 위해 연구하는 과학자

엄마가 똑똑해야 가족을 지킨다

"혈액암이 의심되어 수술 전 정밀 검사가 필요합니다."

"네? 우리 아기가 혈액암이라고요?"

순간 내 귀를 의심했다. 태어난 지 한 달 남짓 된 아들의 사타구니가 불룩해져 찾아간 병원에서 의사는 탈장이라고 했다. 탈장이 뭔지도 몰랐던 스물다섯 살 엄마인 나는 의사 선생님이 시키는 대로 탈장이 지속된 시간만 확인했다. 8시간에서 10시간 이상 넘어가면 수술이 필요하므로 그때 오라고 했으니까. 9개월이 지난 어느 날, 탈장 시간이 길어져 병원에 갔다. 탈장 수술을 받으면 낫는 줄 알았는데 탈장이 아닌 혈액암이라니… 세상에 태어난 지 이제 겨우 10개월 된 아이에게 가혹한 일이었다.

정확한 상태를 알기 위해, 입원해 있는 6박 7일 동안 하루에 네 번씩 혈액검사를 했다. 피를 뽑을 때마다 아이는 자지러지게 울었고, 피를 뽑는 40분 동안 아이 울음소리를 들으며 나도 울었다. 피를 뽑고 나면 아이는 완전히 탈진한 상태로 나왔다.

'왜지? 대체 무엇 때문에 혈액암에 걸린 거지? 그럴 만한 이유가 뭐가 있었을까?'

우는 아이를 등에 업은 채 입원해 있는 내내 단 한숨도 자지 못했다. 머릿속에 온통 의문이 가득했고, 눈앞에 닥친 현실을 도저히 받아들이기 힘들었다. 그러다 우연히 간호사실 앞 복도에서 오전 8시에 채혈한 아이의 혈액 튜브가 오후까지 고정된 채 방치된 것을 목격했다. 다음 날은 골수검사를 하기로 예약한 날이었다.

'피는 흘러야 하는 거 아닌가?'

문득 이런 생각이 들었다. 아무것도 하지 않고 가만히 있을 수는 없었다. 신랑한테 전화해 우리 아이의 혈액이 방치되어 있는데 괜찮을지 상의했다. 당시 유한양행에 근무하던 남편도 의아해하긴 마찬가지였다.

어디서 그런 용기가 났을까? 무작정 담당 의사에게 찾아가 골수검사 전에 채혈한 혈액 샘플을 직접 분석실로 가져가 바로 분석해보고 싶다고 요청했다. 의사는 매우 불쾌한 표정이었지만 재분석을 허락했다. 검사 결과, 아기는 정상이었다.

"혹시 모르니까 다시 한번 검사해봅시다."

이번에는 의사가 요청했다. 그러나 다시 한번 재검했어도 검사 결과는 정상이었다. 가슴을 짓누르던 불안과 걱정이 사라졌지만, 마음은 또 다른 이유로 여전히 무거웠다.

혈액암을 걱정하며 지옥 같은 시간을 보낸 일주일 동안, 아이는 하루에도 몇 번씩 혈액검사를 하며 지쳐갔다. 급할수록 냉정을 되찾아 정확하게 판단해야 했는데, 탈장이 지속된 시간이 길어질수록 나이 어린 엄마였던 나는 조급해지기만 했다.

아는 것이 없어 냉정한 마음으로 논리적인 생각을 하지 못했던 것 같다. 다니던 아동병원 의사가 해외 학회 세미나를 이유로 수술이 1주일이나 지연된다고 했을 때, 나에게 지식이 있었다면 그대로 아이를 데리고 집으로 갔을 것이다. 그러지 못했던 나는 빨리 수술을 받아야 한다는 생각에 집 근처 대학병원을 찾았고, 한동안 혈액암이라는 오진으로 아이와 함께 고통에 시달려야 했다. 결국 다니던 아동병원에서 해외 학회에 다녀온 담당 의사에게 탈장 수술을 받았다. 더 놀라웠던 건 아이에게서 채혈하는 데 단 5초면 충분했다는 사실이다. 그때 '내가 똑똑해야 내 새끼 제대로 키울 수 있겠구나! 기회가 되면 반드시 공부를 해야겠다.'고 다짐했다.

면역학 공부를 시작하다

2003년 3월, 그동안 미루고 있던 공부를 시작했다. 식도암 수술을 받은 지 5년이 지난 시아버님에게서 재발의 위험도 사라진 것 같고, 아이도 중학교에 입학하게 되어 시간적 여유가 충분할 것 같았다. 마침, 파트 타임으로 다니던 회사와 연관이 있는 연구실이 면역학 교실이라 교수님의 허락도 자연스럽게 이루어졌다.

"미국에서 열리는 면역학회에 모두 함께 갑시다. 우리 실험실 학생들은 그곳에서 구두 발표를 해야 졸업시킬 거예요."

그달 말경, 교수님께서 실험실 학생들에게 말씀하셨다. 바다 건너 제주도를 가본 것이 전부인 내가 미국을 간다는 사실에 걱정이 되었다. 그러나 혼자 가는 것도 아니고, 항공권만 각자 부담하면 미국에서 먹고 자는 건 해결해준다니 이보다 더 좋은 기회가 없을 것 같았다.

남편과 상의를 마친 나는 난생처음 미국행 비행기를 타고 덴버에서 열리는 미국 면역학회에 참석했다. 사건은 그곳에서 벌어졌다. 등록을 마치고 들어가 학회 포스터장을 내려다보는 순간, 나도 모르는 전율이 온몸을 휘감았다. 한동안 아무 말도 할 수 없었고, 움직일 수도 없었다. 단지 내 몸을 흐르는 전율을 느끼며 서 있었다. 지금도 그 이유를 알지 못한다. 그러나 그 순간을 한 번도 잊은 적이 없다.

한국으로 돌아오는 비행기 안, 이미 난 회사를 그만두고 실험을 배워야겠다고 다짐한 후였고, 그것을 어떻게 실천에 옮길지 고민하고 있었다. 마음과 달리, 남편과 아들에게 쉽게 입이 떨어지지 않았다. 사실 난 살림과 아이 뒷바라지에 문제가 없도록 파트 타임으로 공부만 하러 다닐 거라고 약속했었다. 회사를 그만두고 실험실로 들어간다는 것은 남편에게 경제적인 부담을 더 많이 주는 것이고, 아들 뒷바라지도 소홀해질 것이 분명했기 때문이었다.

"나, 회사 그만두고 실험실에서 제대로 공부해보면 안 될까?"

깊은 고민에도 불구하고 결국 남편에게 속내를 털어놓았다.

"나는 정말 괜찮아. 이제야 말이지만, 나도 공부하고 싶었어. 우리 엄마도 그런 내 욕심을 알고 도와주려 했지만 그럴 수 있는 상황이 아니었지. 그런데 이제 너라도 공부하겠다고 한다면, 난 좋아. 힘든 상황은 함께 극복하자."

"엄마. 저도 괜찮아요. 이젠 엄마가 하고 싶은 걸 하면서 엄마의 삶을 살았으면 좋겠어요."

남편과 아들의 진심 어린 응원이 돌아왔다. 나의 고민은 사족에 불과했다. 가장 큰 걱정이 사라지자 해낼 수 있다는 자신감과 용기가 차올랐다. 이제 교수님의 허락이 필요했다.

"교수님, 제가 풀 타임으로 공부해도 괜찮을까요?"

교수님의 차를 타고 회식하러 가는 차 안에서 조용히 여쭈었다.

"남편과 아들은?"

"해보래요."

신호등이 파란불로 바뀌었다. 교수님은 차를 움직이지 못했다.

"은정아, 근데 너 피펫팅은 해봤니?"

잠시 침묵하던 교수님이 물었다. 실험 샘플에 특정 액체나 약물을 정확히 계량하여 정량을 넣어주는 것이 피펫팅pipetting이고, 그 도구를 피펫pipette이라 하는데, 한국 사람이 젓가락을 다루는 것만큼 실험실 연구자들에게 꼭 필요한 기술이었다. 교수님의 질문은 한국 음식을 먹어보려는 외국인에게 젓가락을 사용할 줄 아느냐고 물은 것과 다름없었다.

"아니요."

나의 대답에 교수님이 길게 한숨을 내쉬었다. 그러곤 다시 이렇게 물었다.

"그래, 그래도 해야겠니?"

실험으로 박사 학위를 받는다는 것은 말처럼 쉬운 일이 아니다. 더구나 나는 석사 학위를 받을 때까지, 아니 37세가 되도록 실험을 해본 적이 없었다. 사실 피펫도 박사 과정에 들어가서 제대로 알게 되었다. 석사는 '약용식물분류학'을 전공했는데, 호미와 신문지만 있으면 충분했다. 단 일주일간이라도 'pubmed'[21]를 보지 않으면 뒤처질 만큼 놀라운 속도로 새로운 정보가 발견되는 것이 면역학 실험이라 젊은 친구들도 어려워하는데, 경험도 부족한 내가 직접 해보겠다고 나서니 교수님은 분명 난감하셨을 것이다. 나 또한 교수가 되고 보니, 내게 이런 학생이 생긴다면 어떻게 스스로 포기하게 할까 궁리했을 것 같다.

"해보자. 그렇게 하고 싶으면 해봐야지."

한참을 고민하던 교수님이 대답했다. 그리고 거짓말처럼 다음 날부터 고강도의 훈련이 시작됐다. 교수님은 내게 실험실 구석에서 피펫팅을 반복하는 훈련을 시키셨다. 내겐 1mL 피펫과 저울, 물과 종이컵이 전부였다. 일주일 내내 피펫팅 연습 중인 나를 보며 미소 짓는 사람도 있었다.

그렇게 일주일을 보낸 후, 다시 교수님의 특훈이 이어졌다. 이번에는 생화학 실습 책에 나오는 실험이었고, 교수님의 지시를 받은 실험실 방장이 직접 지도했다. 이론을 공부하고, 선배에게 배운 것에 관해 설명한 후, 선배의 승인이 떨어지면 직접 실험에 필요한 시약을 만들고 실험을 통해 그 원리를 이해했다.

"은정아, 넌 웨스턴 실험[22]을 밥 먹듯이 할 사람이야. 자다가도 꾹!

21 미국 국립 의학 도서관(NLM)이 운영하는 세계적인 의학논문 검색 사이트.

22 특정 단백질의 발현 정도를 확인하는 실험법 중 하나.

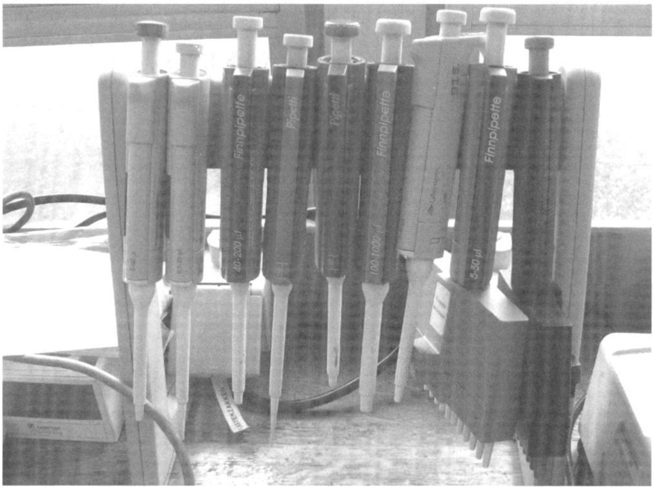

▲ 마이크로 피펫

누르면서 '그 시약은 왜 쓰는 거지?' 하면 입에서 줄줄 나와야 해."

연구실 미팅 시간, 논문에 나온 실험법에 대한 이해도가 떨어져 같은 논문을 세 번이나 발표한 적도 있었다. 교수님은 남보다 늦게 출발한 내가 빨리 따라잡을 수 있도록 훈련의 강도를 높였다.

그렇게 1년이 지난 후, 또다시 혼란이 찾아왔다. 내가 정말 공부하고 싶었던 것이 면역학이었을까? 공부를 파고들면 파고들수록, 내가 원했던 것은 질병의 치료법이 아니라 발생 원인이었다는 확신이 생겼다.

결국 나는 또 일을 저질렀다. 면역학에서 독성학으로 전공을 바꾼 것이다. 참고로, 편입학을 묻는 젊은 후배 연구자들에게 난 절대 그 길을 권하지 않는다. 대학원 박사 과정에서 편입을 선택한다는 것은 취업을 포기하겠다는 강한 의지로 보일 수 있기 때문이다.

나의 의지는 그 어느 때보다 강했지만, 길은 험난했다. 편입을 위해서는 1년을 더 기다려야만 했다. 게다가 기다리는 동안 박사 과정 학생이 새로 들어오지 않아야 기회가 생긴다. 그뿐만이 아니었다. 3학기 동안 배운 전공과목 중 단 1학기 분량만큼만 인정받을 수 있었다. 결국 1년을 대기하며 두 학기 수업료를 더 내야 했다. 그런데도 나의 의지는 꺾이지 않았고, 1년 동안 독성학 교실에서 연구원 생활을 한 후인 2005년 9월 정식으로 편입학에 성공했다.

운명처럼 나노물질을 만나다

1년 반이나 공부한 면역학을 한 학기만 인정받는 출혈을 감수하며 독성학으로 전공을 옮긴 나를 이해하는 사람은 거의 없었다. 상관없었다. 나 자신에게는 옮겨야 할 이유가 충분했다. 적어도 내게 공부란 무엇이 되기 위한 수단이 아니라, 궁금해하는 것들의 해답을 찾는 길이었을 뿐이니까.

그리고 2006년에 지금의 나를 만들어준 '나노물질'을 만났다. 이제 많은 사람이 알고 있듯 '나노'는 아주 작은 미세한 크기의 물질을 말한다. 그 크기를 말하는 단위인 나노미터nm는 머리카락을 10만 가닥으로 쪼갠 것 중 1[23]에 해당하는 것으로 1미터m의 10억분의 1이고, 나노그램ng은 1그램g의 10억분의 1이다.

23 10억분의 1을 나타내는 미세단위. 예를 들어 1nm(나노미터)는 1m를 10억 개로 쪼갠 길이에 해당한다.

내가 처음 만난 나노물질은 '세륨 디옥사이드Cerium Dioxide 나노입자Nanoparticles(NPs)'로 불리기도 하는 세리아nano ceria 나노입자였다. 나는 이 부분에서 매우 운이 좋았다. 만약 내가 은 나노입자를 처음 만났다면, 다루기가 너무 까다로워 나노물질에 대한 흥미를 느끼기도 전에 지쳐 포기했을 것이다. 그러나 세리아 나노입자는 세포에 처리했을 때 엉기는 현상이 매우 적어서, 처음 나노독성을 연구하고자 하는 학생에게 가장 적합한 물질이었다.

물론 이때의 나는 이런 비교를 할 만큼 나노입자에 대해 잘 알지 못했기에 아무런 생각이 없었다. 심지어 색만 다를 뿐, 대기 중에서 모은 미세먼지와 다를 것이 없어 보였다. 미세먼지에는 탄소입자가 함유되기 때문에 동결건조를 마치면 검정색 파우더가 된다. 반면, 세리아 나노입자는 마치 눈가루처럼 아주 하얗다. 정말 아무 생각이 없었기 때문에 당연히 그전에 실험하던 미세먼지와 동일한 농도를 같은 세포(사람 기관지 상피세포)에 처리한 후 동일한 시간(24시간)에 현미경으로 관찰했다.

"이건 뭐지? 세리아 나노입자가 핵막 주변에 딱 달라붙어 있는 것 같아."

처음 보는 모습이었다. 이유가 궁금했던 나는 20개 정도의 세포 샘플을 만들었다. 그리고 동일한 농도로 처리한 후, 시간별로 세리아 나노입자의 이동을 관찰했다. 밤을 꼬박 새우며 현미경을 보는 동안 미국 면역학회에서 느꼈던 그 전율이 다시 내 몸을 타고 흘렀다. 정말 신기하게도 세포 속 나노물질은 아주 자유롭게 세포와 세포 사이를 돌아다녔다. 그리고 무언가가 잡아당기듯 시간이 지날수록 핵막 주변으로 모여들었다. 일부는 세포핵 안까지 들어가는 것 같았다.

나는 이것이 정전기적 인력이라는 것을 나중에 알았다. 겨울철 시도 때도 없이 우리를 놀라게 하는 그것, 어린 시절 머리를 문지른 책받침을 따라 치솟는 머리카락을 보며 신기하다고 깔깔거리게 했던 그것, 그것이 바로 정전기가 아니던가.

'세리아 나노입자가 정전기적 인력에 의해 무작위적으로 핵막을 둘러싼다면, 핵에서 만들어지는 유전자는 정상적으로 단백질을 만들어낼 수 있을까?'

'그 세포는 계속 살아갈 수 있을까?'

'세포분열은 정상적으로 이루어질 수 있을까?'

현미경을 바라보는 내내 답이 떠오르지 않는 궁금증이 폭풍처럼 몰려들었다. 그렇게 나노독성 연구를 이어가던 나는 2011년 45세라는 나이에 한국연구재단이 주관하는 '대통령 포스닥 펠로우십'[24] 1기에 당당히 선정되었다.

우연이었지만 운명처럼 만난 나노물질. 그날 이후, 쉼 없이 나노독성을 연구했다. 전 세계 연구자들이 내가 발표한 논문을 그렇게 많이 인용하고 있는지도 몰랐다. 2015년 미래창조과학부 장관상인 '지식창조대상' 수상자로 선정되었다는 소식을 들었을 때 비로소 알게 됐다. 이후 전 세계 연구자 중 발표한 논문이 가장 많이 인용된 1% 연구자(Highly Cited Researchers, 2016~2018)에 3년 연속 선정되었다.

24 박사 후 연구자에게 인건비와 연구비를 지원하여 우수한 연구자를 육성할 목적으로 만든 국가핵심과학기술인재 양성 프로그램. 만 40세 미만 또는 학위수여 후 7년 이내에 지원할 수 있다.

"But, I'm still hungry."

거스 히딩크 감독은 2002년 월드컵에서 16강을 확정 지은 뒤 이렇게 대답했다. 현재의 결과로 어떤 상을 받았고 또 어떤 타이틀을 거머쥐었건 하나도 중요하지 않다. 내가 공부하는 이유는 무엇이 되려는 것이 아닌, 내 안의 무수한 질문들에 대한 해답을 찾기 위해서였으니까.

아직 해답을 찾지 못한 질문들이 산적해 있다. 나노물질은 쓰이지 않은 곳을 찾기 힘들 만큼 우리의 환경과 밀접하게 연관되어 있음에도 인체에 어떤 부정적인 영향을 주는지 충분한 연구가 이루어지지 않았다. 역설적으로 본다면 나의 논문이 전 세계 과학자들에게 500회 이상 인용되었다는 것은 그만큼 찾아볼 만한 데이터가 없다는 방증이기도 하다.

아마도 내가 이 책을 쓰게 된 것은 연구와 검증보다 빠른 속도로 일상을 파고드는 신규 화학물질(나노물질 포함)에 대해 "아직 안전한지 알 수 없어요."라고 외치기 위함이었던 것 같다.

아직 갈 길이 멀다. 아니, 새로운 물질이 계속 개발되는 한 그 끝은 없다. 그저 내게 주어진 시간이 한정되어 있을 뿐이다. 그 시간이 얼마나 될지 알 수는 없지만 나 자신을 믿고 지금껏 쌓아온 나의 경험과 기술, 학문적 지식이 누군가의 건강이나 어느 가정의 행복을 지키는 데 조금이라도 도움을 줄 수 있기를 바라는 마음이다. 그렇기에 앞으로도 연구자로서 최선을 다해 주어진 임무에 충실할 생각이다.

2장

세상을 뒤흔든 독성물질 사건

생리대는 정말 안전할까?
_발암물질 생리대 사건

생리대 때문에 죽을 수도 있을까?

2017년 3월, Overnight School Trip에 참석했던 16세 캐나다 소녀 사라 마니토스키Sara Manitoski는 다음 날 아침 깨어나지 못했다. 2018년 7월, 1년여 이상 사인을 조사 분석한 BC 검시청The B.C. Coroners Service은 그녀의 몸에 있던 탐폰에서 박테리아가 발견된 점을 고려할 때, 탐폰이 독성쇼크증후군TSS, Toxic Shock Syndrome을 일으킨 유일한 원인은 아닐지라도 그 위험을 증가시킨 것으로 추측된다고 공식 발표했다.

독성쇼크증후군은 '화농연쇄상구균Streptococcus pyogenes' 또는 '황색포도상구균Staphylococcus aureus'과 같은 박테리아 감염으로 인해 고열, 두통, 설사, 발진, 구역질, 저혈압, 호흡곤란, 착란과 같은 증상이 발생하는 매우 희귀한 증상이다. 미국에서는 인구 10만 명당 1~3명이 독성쇼크증후군을 겪고 있으며, 발생 초기에 치료받지 않으면 다기관Multiple-organ 손상과 함께 사망에 이를 수도 있다.

미국 질병통제예방센터CDC에 따르면 1979년 10월 1일 이후로 55건의 독성쇼크증후군 사례가 미국 질병관리본부에 보고되었다. 이 중 52건(95%)이 13~52세 여성에게서 발생했고 7명이 사망했다. 또한 지속적인 추적 조사를 바탕으로 고흡수성 탐폰 이용이 독성쇼크증후군의 위험 인자 중 하나임을 확인하고, 탐폰 사용 시간을 1일 8시간 이하로 제한하는 가이드라인을 제시했다.

당시 미국의 P&G사는 1975년에 고흡수성 탐폰 브랜드인 릴라이Rely를 출시하여 판매하고 있었다. 이들은 "걱정도 흡수합니다."라는 슬로건을 걸 만큼 기존 탐폰보다 흡수력이 뛰어나다고 주장했다. 그러나 릴라이의 초흡수성은 질 건강을 위해 반드시 유지해야 하는 수분마저 흡수했고, 그로 인해 탐폰을 제거할 때 질벽에 궤양이 발생하여 탐폰에 존재하던 박테리아가 혈관으로 유입되기 좋은 환경을 조성했다. 그뿐 아니라, 탐폰의 초흡수성은 질액의 점도를 올려 박테리아가 성장하기에도 좋았다. 결국 P&G사는 1980년 여름, 릴라이가 타 브랜드보다 독성쇼크증후군을 일으킬 확률이 높다는 보고서를 미국 질병관리본부에 제출하고 자발적 리콜을 수행했다.

그리고 2017년 여름, 우리나라에서도 발암물질 생리대 사건이 일어났다. 특정 제품 사용자들이 인터넷에 글을 올리며 생리불순, 불규칙한 생리량, 생리통 심화 등 이상 증상을 호소한 것이다. 그해 3월, 때마침 여성환경연대 주최로 '여성 건강을 위한 안전한 월경용품 토론회'가 열렸다. 강원대 환경융합학부 김만구 교수는 '생리대 방출물질 검출 시험' 결과 국내 유통 제품 10여 종에서 독성이 있는 총휘발성유기화합물질TVOC[01]이 검출됐다고 발표했다.

몇 달 후, 식약처는 제품의 리스트까지 밝히며 발암물질 휘발성유기화합물VOC이 검출되었음을 알렸다. 또한 VOC가 검출된 생리대를 사용하면 출혈량이 감소하고, 생리주기가 불규칙해지며, 생리통이 심해질 수 있다고도 했다. 이미 특정 제품을 사용한 여성들이 호소하고 있는 증상들이었다.

논란이 증폭되자, 문제가 된 제품을 생산하는 기업들은 자발적으로 수거에 나서며 소비자들에게 환불 조치까지 했다. 그러나 몇 달 후 이 논란은 다시 반전을 거듭했다. 식약처의 검증 끝에 국내에서 유통되는 제품들 모두 안전기준을 넘지 않았다는 발표가 이어진 것이다.

과연 논란은 끝났을까? 전혀 그렇지 않았다. '발암물질 생리대'에 대한 여성들의 공포심은 완전히 사라지지 않았고, 많은 여성이 몸에 해롭지 않은 순수한 면으로 생리대를 만드는 계기가 되었다. 또한 기업은 흡수력과 냄새 걱정 없다는 광고보다 천연 소재, 안전을 생각한 제품 이미지를 만드는 데 주력하고 있다. 아이러니한 일이지만, 우리 여성들과 기업에 한 번쯤 거쳐야 할 통과의례처럼 성장통을 남긴 사건이 아니었을까?

01 쉽게 증발하는 휘발성유기화합물을 통틀어 '총휘발성유기화합물'이라고 함.

케모포비아 Chemophobia 가 정답일 수 없는 세상

우리가 사는 세상에서 화학물질을 빼놓을 수 있을까? 커다란 바구니에 지금 당장 화학물질이 포함된 생활용품들을 담아보자. 분명히 바구니가 아닌 이삿짐 트럭이 필요할 것이다.

아마도 당신은 세제로 세탁한 베개와 이불이 놓인 침대에서 잠을 자고, 기상 후에는 플라스틱 칫솔과 비누, 헤어드라이어, 수건을 사용하며 새 옷을 입었을 것이다. 유기농 제품이라고 아무리 강조해도 플라스틱 소재로 만든 비닐에 담긴 채소를 과일, 채소용 세제로 세척한 후 샐러드를 만들었다면 이 또한 화학물질을 피해갈 수 없다.

우리가 만약 화학물질 없는 세상을 살아야 안전하다고 주장한다면 정답은 분명해진다. 그것은 불가능하다. 넓은 의미의 '화학물질'은 천연에 존재하거나 화학반응에 의해 합성된 단일 또는 복합 성분의 특정 분자를 포함하는 유기·무기 물질을 의미하기 때문이다. 조금 뒤로 물러서서 대자연으로 돌아가 알몸으로 산나물과 나무 열매를 채집하고 사냥하며 수렵 생활을 한다면 유해 화학물질로부터 안전할까? 자동차 배기가스에는 각종 발암물질이 함유되어 있으니 될 수 있으면 외출을 삼가라고 한다면, 우린 모든 경제 활동을 멈추어야만 한다.

"그럼 재택근무하면 되지 않을까요?"

이 또한 불가능하다. 외부와의 소통을 위해서는 최소한 핸드폰이나 컴퓨터는 있어야 할 텐데 아직 천연의 나무로 만든 컴퓨터를 본 적이 없으니까. 심지어 그림을 그리거나 글을 쓰는 예술 활동도 어림없다. 물감, 종이, 붓도 현재는 화학물질 없이 천연 재료만으로 만들어지는 경우는 드물다.

결국 화학물질을 사용하지 않는다면, 거의 모든 일상이 멈출 수밖에 없다. 이 세상은 석유 없이 돌아가지 않게 되어버렸고, 우리는 그로 인한 혜택으로 온갖 편리함을 영위하며 현대적인 문화인으로 살아가고 있으니까.

그러나 문득 궁금해질 것이다. 이렇게 위험한 독성물질을 하루 24시간 접하며 어떻게 안전하게 살아갈 수 있다는 것인지. 과연 아무런 문제도 없다고 장담할 수 있는지, 정말 신뢰해도 되는지 등등. 또한 누군가는 건강하게 살아가고, 또 누군가는 목숨을 잃는 경우가 왜 생기는지. 심지어 건강에 문제가 생겼을 때도 화학물질을 피하겠다고 플라스틱 주사기조차 거부할 수 없는 것이 현실 아닌가.

정답은 의외로 간단하다. 우리 모두 '약속'을 잘 지키기 때문이다. 기업은 정부와 식약처와 같은 관련 기관이 만든 생산 및 취급 시의 주의사항을, 소비자는 연구자들이 안전성 시험을 통해 제시한 '사용상 주의법'을 잘 지키고 있다.

생리대를 예로 들어보자. 한 달에 한 번, 대략 일주일 정도의 기간에 엄청난 양의 출혈을 겪어야만 하는 여성들은 축축하게 젖은 그것을 흡수력이 좋다는 이유만으로 서너 시간 이상 속살에 밀착시킨 채 지내고 있다. 습하고 따뜻한 환경에서 혈액이 청결한 상태로 오염되지 않고 유지될 수 있을까? 장담하지만, 이는 순수한 면을 사용한 생리대라고 해도 절대 불가능한 일이다. 청결하지 못한 환경에서 피부에 발진이 생길 수 있고, 여성 생식기의 특성상 내부 감염까지 이어져 더 큰 질병의 원인이 될 수도 있다.

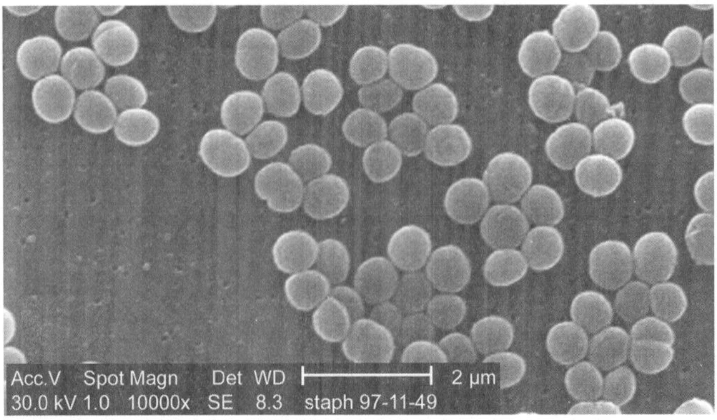

▲ 황색포도상구균의 SEM 현미경 사진 ⓒ 위키백과

실제로 1978년에 일어난 탐폰 사건 이후에는 모든 제품에 이와 관련된 주의사항이 표시됐다. 탐폰 자체가 문제는 아니지만, 장시간 사용을 금지하는 내용과 독성쇼크증후군의 위험을 알리는 내용이 포함됐다.

탐폰은 일반 생리대와 달리 질 내부 깊숙한 곳으로 삽입되는 형태라 더 큰 문제가 된다. 황색포도상구균은 염증을 일으키는 대표적인 원인균으로 사람이나 동물의 피부에서 흔히 볼 수 있으며, 식중독, 폐렴, 수막염, 패혈증 등을 일으킨다. 그런데 탐폰은 흡수력이 좋아서 질 내부가 건조해지고 피부에 상처도 생길 수 있다. 자주 교체하지 않고 장시간 사용하면 황색포도상구균이 증식하는 온상이 되어 감염 확률도 높아질 수밖에 없다.

식약처에서도 이와 관련된 안내 책자나 홍보 동영상으로 위험을 알리고 있다. 2008년에는 『여성을 위한 생리처리용품의 올바른 이해』를 발간하였고, 2021년 5월에는 '생리용품 바로 알기' 동영상을 유튜브에 게재하기도 했다. 그 내용을 요약하자면 '흡수력이 지나치면 질 건조를 유발하니 자신에게 맞는 제품을 사용할 것', '탐폰을 장시간 착용하면 독성쇼크증후군 위험이 있으니 8시간 이상 사용하지 말 것', '수면 중에는 탐폰 대신 생리대를 사용할 것' 등이다.

생리대의 위험성이 많이 알려진 지금은 이런 안내가 특별해 보이지 않을 수도 있다. 그러나 이런 노력이 우리가 안전하고 건강할 수 있는 가장 큰 이유라고 생각한다. 기업은 모든 생활화학제품의 위험성을 솔직하게 알리고 안전하게 사용하도록 안내해야 하며, 소비자들은 구매 전 각 제품에 함유된 화학성분이나 유해성을 꼼꼼히 살펴야 한다.

인류는 불을 만나 두려워하지 않고 유용하게 사용하며 발전을 이루었다. 불을 두려워한 나머지 금기시했다면 우리는 지금도 날고기를 먹으며 원시인처럼 살고 있을지도 모른다. 안전한 제품을 만들려는 기업과 국민의 건강을 살피는 정부의 노력이 있다면 발암물질 생

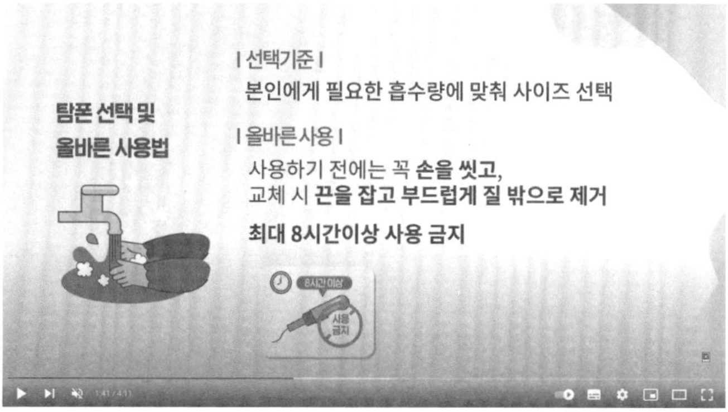

▲ 식품의약품안전처, '생리용품 바로 알기' 유튜브 동영상 캡처
ⓒ https://www.youtube.com/watch?v=cCfTOz2vl0c

리대를 걱정할 일은 없을 것이라 믿는다.

안전한 탐폰 사용을 위한 팁

1 박테리아의 확산을 줄이기 위해 탐폰 사용 전후에 손을 씻으십시오.

2 탐폰은 생리 기간 중에만 사용하십시오. 생리하지 않을 때, 다른 목적으로 사용해서는 안 됩니다.

3 4~8시간마다 탐폰을 교체하십시오. 동일한 탐폰을 8시간 이상 착용하지 마십시오.

4 가능하다면, 흡수성이 낮은 탐폰을 사용하십시오. 8시간 이상 착용이 가능한 탐폰은 흡수율이 너무 높을 수 있습니다.

5 통증, 발열 또는 기타 비정상적인 증상이 있는 경우 의료 서비스 제공자에게 문의하십시오. 탐폰을 삽입하거나 착용할 때 불편함, 통증 또는 비정상적인 분비물과 같은 예기치 않은 증상이 있거나 알레르기 반응이 있는 경우 탐폰 사용을 중단하고 판매처에 즉시 문의하십시오.

6 탐폰 사용에 의한 독성쇼크증후군의 위험을 줄이기 위해서는, 갑작스러운 고열(보통 102℉ 이상), 구토, 설사, 현기증, 발진과 같은 증상이 생리 중이나 생리 직후에 나타나면 탐폰 사용을 중단하고 즉시 의사의 진료를 받으십시오.

ⓒ 미국 식약처

숙면 찾다 영면할 뻔하다 _라돈 침대의 배신

음이온이 뭐길래

2018년 5월 3일, 국내 유명 침대 브랜드 제품에서 1급 발암물질인 라돈Rn이 검출되었다는 SBS 보도가 큰 사회적 파문을 일으켰다. 발암물질 생리대가 여성들에게 국한된 사건이었다면, 침대는 남녀노소를 불문하고 전 국민이 사용하기에 파문이 더욱 컸다.

라돈은 반응성이 매우 낮은 방사성 기체이며, 무색, 무미, 무취이다. 우라늄과 토륨의 자연 방사성 붕괴 과정에서 생성되며, 암석에 있는 라돈은 지각 균열로 방출된다. 우라늄uranium(238U)이 붕괴하여 생성되는 라돈(222Rn)의 반감기(방사성 물질의 양이 처음의 반으로 감소하는 데 걸리는 시간)는 3.82일, 토륨thorium(232Th)이 붕괴하여 생성되는 토론thoron(220Rn)의 반감기는 55.6초이므로 자연에 존재하는 라돈은 대부분 222Rn이다. 이러한 성질 때문에 미국 환경보호국EPA은 흡연 다음으로 중요한 폐암 원인이라고 경고한다.

그렇다면, 어떻게 21세기를 살아가는 현대인이 쓰는 침대에서 1급 발암물질인 라돈이 방출될 수 있었을까? 여기에는 우리의 민낯이 숨어 있다. 과학적 근거가 없는데도 건강에 좋다는 미확인 정보에 맹목적인 신뢰를 보내는 것이다. 실제로 라돈 침대 파문은 '음이온이 건강에 좋다.'는 뿌리 깊은 믿음 때문에 발생한 사건이었다.

6·25전쟁이 일단락된 1953년 7월 이후 우리는 근면, 성실한 민족성을 바탕으로 전쟁의 흔적을 지우고 후진국에서 개발도상국을 거쳐 선진국에 다가서게 되었다. 그 과정에서 우리의 삶은 더욱 풍요로워졌고, 그러한 풍요와 여유를 조금 더 오래 즐기고자 건강에 관한 관심이 더욱 높아졌다.

때마침 불어온 웰빙well-being 열풍은 육체적·정신적 건강의 조화를 꿈꾸며 자신의 삶을 다시 돌아보는 문화를 형성했다. 유기농 제품을 찾고, 몸만 단련하는 것이 아니라 마음도 안정시킬 수 있는 요가나 명상, 단전호흡 등의 운동을 하고, 일 외에도 삶을 풍요롭게 하는 여행이나 독서 등의 취미 생활을 누리게 된 것도 웰빙의 일환이었다.

이런 문화 현상 속으로 소위 '카더라 통신'이 파고들었다. 1980년대 말, 음이온 공기청정기가 대중의 관심 속에서 호황을 맞으면서 음이온이 건강에 좋다는 이야기가 마치 학문적 근거하에 제시된 것처럼 입소문을 타기 시작했다. 그러나 지금까지 발표된 자료에서는 일부 사람들에게서 우울증 증상이 감소했고, 일부 신체 시스템의 활성이 촉진되었으며, 항균 기능이 향상됐다는 정도에 불과하다.

물론 이런 불확실한 정보를 바로잡기 위해 아무런 노력도 하지 않은 것은 아니다. 인터넷에서 '음이온'만 검색하면, 열풍이 불기 시작하던 무렵인 2000년대 초반부터 최근까지 언론과 학계의 경고를 담은 기사를 어렵지 않게 찾을 수 있다. 그러나 진실이 이러한데도 대중은 여전히 음이온을 신뢰한다.

이러한 신뢰를 부추기는 것은 '사이비 과학'에 가까운 자료다. 거의 모든 자료가 숲과 폭포수 근처에 가면 기분이 상쾌해지는 것이 음이온 효과 덕분이며, 우리가 생활하는 일반적인 환경보다 숲이나 폭포수 근처에 음이온이 많아서 기분이 상쾌해지고 건강에도 좋다고 주장한다.

이들은 그 증거로 도심과 숲, 폭포수 근처에서 발생하는 음이온 수치를 비교한다. 숲에서는 음이온이 도심보다 대략 10여 배, 폭포수 근처에선 100배가량 더 높은 수치라는 것이다. 그러나 이들이 말하는 폭포 근처의 공기 부피 1cm^{3}당 음이온 숫자 약 2만여 개는 같은 부피 안의 공기 분자 수가 3,000경 개인 것에 비하면 특별한 효과를 누리기에 너무도 미미한 숫자다. 더구나 음이온은 방출되자마자 순식간에 양이온과 결합하여 사라져버린다.

더 심각한 문제는 실제 상황이 이러한데도 맹신하는 소비자와 기업의 상술이 만나 '라돈 침대 사건'과 같은 피해를 일으킨다는 사실이다. 이들 기업은 음이온을 만들어낸다는 모나자이트 광석을 수입하여 침대 매트리스에 바르는 실수를 저질렀다.

사건이 일어났을 당시 원자력안전위원회의 조사에 따르면, 문제가 된 일부 매트리스는 속커버뿐만 아니라 매트리스 스펀지에도 모나

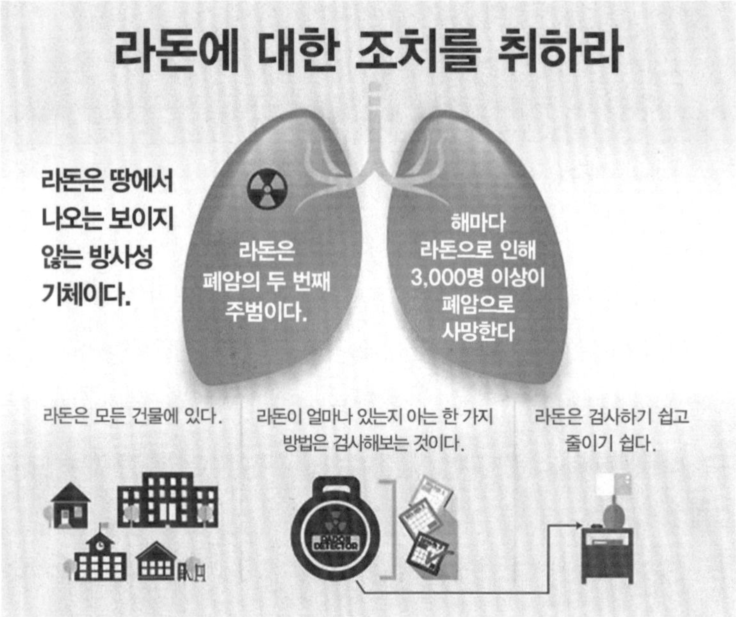

▲ 캐나다 보건부(Health Canada)에 따르면, 매니토바주 가정 중 19%의 라돈 수치가 권장 수준보다 높았다고 한다. 라돈은 비흡연자에게 폐암을 일으키는 주요 원인이다. ⓒ 캐나다 보건부

자이트가 사용되었으며, 그 결과 라돈 피폭량이 안전 기준치[02]의 최대 9.35배까지 검출된 것으로 나타났다. 모나자이트에 10% 정도 포함된 토륨(반감기 140억 년)과 우라늄(반감기 45억 년)은 매우 느린 속도로 방사성 붕괴를 일으키면서 방사선과 함께 방사성 동위원소인 라돈(222Rn)과 토론(220Rn)을 방출한다. 또한 매트리스뿐만 아니라, 음이온이 발생한다며 시중에 판매되고 있는 팔찌나 목걸이 등 장신구부터 벽지에까지 모나자이트가 사용되고 있는 것으로 조사되었다.

02 환경부 권고 안전 기준치 1mSv.

이제 라돈 침대 사건으로 모나자이트와 방사성 기체 라돈에 대해 모르는 이가 없게 됐다. 2019년 '생활 주변 방사선 안전관리 사업 실태조사'에 따르면, 총 513개 제품의 라돈 및 토론 농도를 측정하고, 411개 제품의 내부 피폭선량을 평가한 결과, 일반 매트리스 17개 총 68개 제품에서 연간 피폭선량이 기준치인 1mSv를 초과했다. 일반 매트리스, 전기매트, 이불, 패드, 온열매트, 온수매트, 담요, 베개 등의 침구류와 슈트형 속옷 등이었다. 여전히 음이온을 맹신하는 소비자와 이를 상업적으로 이용하는 기업이 있는 것이다.

침대는 정말 '과학'입니다

라돈 침대 사건 이후, 원자력안전위원회와 한국소비자원은 2021년 3월부터 12월까지 '음이온 부당 광고 제품'을 점검할 거라고 예고했다. 이 책이 출간되는 시점에는 점검이 끝난 후일 것이다. 지금까지 그래왔듯이, 과학적 근거가 없는데도 소비자를 현혹하는 상술을 부리거나 명확한 과학적 근거로 제시된 허용기준치를 초과해 피해를 조장하는 일에 대해서는 지속적인 감시가 이루어지리라 기대한다.

하지만 이는 한 기관의 노력만으로 해결되는 일이 아니다. 무엇보다도 소비자의 욕구를 상업적으로 이용하는 기업들의 반성이 따라야 하며, 잘못된 건강 정보를 확인 없이 부추기는 언론의 자성도 필요하다. 또한 입소문보다 과학적 근거로 접근하려는 소비자의 자세, 잘못

된 분위기를 바로잡으려는 정부와 학계의 노력도 이루어져야 한다.

과학계는 시종일관 '아직 명확하지 않다.' '아직 밝혀지지 않았다.' '현재 근거 자료가 충분하지 않다.'고 경고했었다. 몇몇 언론도 이런 경고를 대중에게 알리는 노력을 보이기도 했다. 그런데도 대중과 기업이 피해가 드러나야만 각성하는 현실이 안타깝다. 심지어 아직도 음이온을 맹신하는 추종자들이 보여 또 어떤 피해가 발생할지 염려된다.

과거에 지구가 평평한 네모인 직육면체라고 주장하던 세상에서 "지구는 둥글고 태양을 중심으로 돌고 있다."고 홀로 외친 갈릴레오 갈릴레이는 로마 교황청의 종교재판에 회부되어야만 했다. 그러나 이후 많은 학자가 그의 주장을 증명했고, 이제 지동설이 부정할 수 없는 이론으로 자리 잡았다. 지구 밖 우주 정거장에서 실시간으로 보여주는 NASA의 영상을 통해 직접 지구가 둥근 것을 확인할 수도 있

◀ 지동설을 주장한 갈릴레오 갈릴레이 (1564~1642)

다. 그런데 요즘 '지구 평평설'이 등장하여 지구가 둥글다는 것을 부정하는 사람들이 늘고 있다. 이들은 음모론을 제기하며 자신들이 틀리지 않았음을 강변한다.

물론 과학은 완벽하지 않다. 오늘 완벽하다고 확신한 과학적 근거가 내일 뒤집힐 수도 있다. 하지만 분명한 것은, 인체에 해롭다는 것을 밝힌 과학적 근거가 알고 보니 거짓이라고 밝혀진 예는 없다는 것이다. 독성이 있어 생명을 잃게 만드는 물질을 이롭게 만든 것도 과학기술을 바탕으로 독이 약이 되게 만드는 과정이 개발되었기에 가능했다.

이온은 원자 또는 분자의 특정 상태를 나타내며, 전자를 잃고 양전하를 띠면 양이온이 되고, 전자를 얻어 음전하를 띠면 음이온이 된다. 여기서 중요한 것은 양전하든 음전하든 이온성이 있으면 반응성이 증가한다는 것이다. 반응성이 증가하면 일반적으로 신체 항상성을 유지하는 데 좋은 영향을 줄 가능성이 매우 낮아진다. 음이온을 이용하여 공기에 있는 바이러스나 세균을 제거할 수 있다는 것은 결국 신체 내에 있는 세포도 유사한 기능을 할 수 있음을 의미한다.

아직도 음이온을 맹신하며 '음이온 침대'를 고집하는 사람들에게 말해주고 싶다. 침대는 정말로 과학이다. 음이온이 건강에 좋다는 이론을 뒷받침할 만한 확실한 과학적 증거가 포함된 연구 결과는 아직 수십 년째 나타나지 않고 있다. 어떤 것을 믿느냐는 선택한 사람의 몫이지만 그것으로 인한 피해도 결국 자신의 몫이라는 것을 잊지 말자.

아직 끝나지 않았다 _후쿠시마, 체르노빌 원전사고

인재人災와 천재天災 사이

1896년 그리스 아테네에서 개최된 이후 동·하계 올림픽은 4년에 한 번 개최되는 전 세계 지구인의 축제가 되었으며, 제2차 세계대전으로 취소된 1940년과 1944년을 제외하곤 단 한 번도 개최가 취소된 적이 없다. 그러나 도쿄올림픽은 달랐다. 코로나19 팬데믹으로 인해 1년이 지연된 상황에서 방사성 물질 노출 가능성이 정치적인 이슈와 맞물려 국제적인 논란거리가 되었다. 참가를 신청한 선수들도 불안하긴 마찬가지였다.

인류가 원자력 발전을 이용하면서 크고 작은 원전사고들이 끊이지 않았다. 대부분 삶에 영향을 줄 만큼 크지 않은 소소한 사고들이었다. 국제 원자력사고 등급을 살펴보면, 3등급까지는 사고라기보다 고장 혹은 이상 반응이다. 운전 제한 범위에서의 단순한 기계적 결함

INES 등급 분류 체계

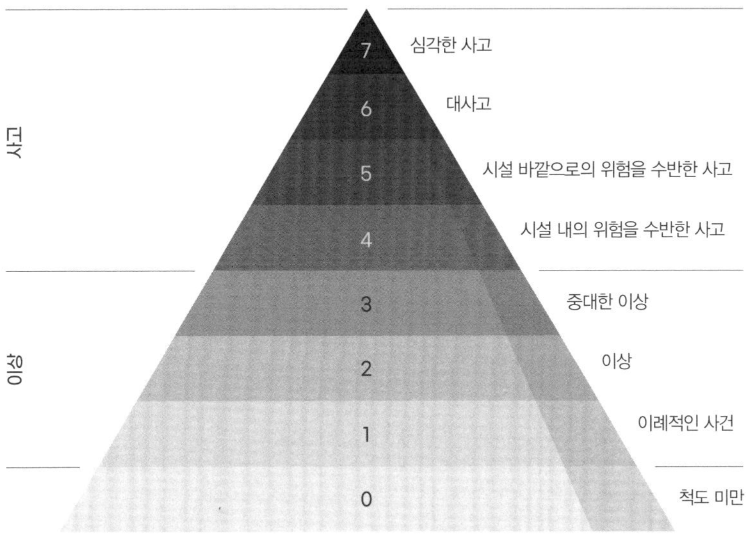

▲ 국제원자력기구 및 경제협력개발기구/원자력기구에서 원자력시설에서 발생한 사건의 규모를 일반 국민이나 언론이 일관성 있고 쉽게 이해할 수 있도록 국제적인 공용의 사건등급(Event Scale)을 도입한 것이다. ⓒ https://opis.kins.re.kr

부터 방사성 물질의 극소량 방출로 인해 발전소 내 직원이 급성 방사선 장애를 일으킬 수 있는 피폭이 이에 해당한다.

그러나 4단계부터는 고장이 아닌 말 그대로 '사고'이며, 시설의 중대한 손상 또는 인체나 환경에 방사선으로 인한 피해를 유발할 수 있는 사건이다. 4등급은 발전소 종업원이 사망에 이를 수 있는 농도의 피폭이며, 피폭으로 방사성 물질이 유출되어 해당 지역에서 생산된 음식물 섭취가 제한된다.

1987년 브라질 고이아니아에서 발생한 사고는 무지로 인해 발생한 최대 방사선 피폭 사고 중 하나로 기록된다. 1987년 9월, 두 청년

국제 원자력사고 등급 분류기준 및 사례

분류	등급	등급 분류기준	대표적인 예
사고	7	• 원자로 노심 내 방사성 물질이 다량(수십만 큐리 이상) −한 국가 이상의 광범위한 지역에 방사선 영향을 미칠 수 있는 방사성 물질 누출사고 −방사성 물질의 중대한 외부 방출로 인해 수만 테라베크렐 이상의 방사성 물질이 외부 방출	−구소련: 체르노빌 원자력발전소 사고(1986) −후쿠시마: 제1원자력발전소 사고(2011)
	6	• 수만 내지 수십만 큐리 정도의 방사성 물질이 외부로 누출되는 사고 −방사성 물질의 상당한 외부 방출로, 수천 테라베크렐에서 수만 테라베크렐(TBq)의 방사성 물질이 외부 방출	−구소련: 키시팀 사고(1957)
	5	• 수천 내지 수만 큐리 정도의 방사성 물질이 외부로 누출되는 사고 또는 원자로 노심의 심한 손상사고(수% 이상의 노심 용융 사고 등) −시설 외부로의 위험을 수반한 사고. 방사성 물질의 한정적인 외부 방출로, 수백 테라베크렐에서 수천 테라베크렐의 방사성 물질이 외부로 누출되는 것	−미국: 스리마일섬 원자력발전소 사고(1979) −영국: 윈드스케일 화재 사고(1957) −캐나다: 퍼스트 초크강 사고(1952) −브라질: 고이아니아 사고(1987)
	4	• 인근 주민이 연간 허용제한치(500밀리렘) 정도의 방사선을 받을 수 있는 방사성 물질 누출사고, 원자로 노심의 일부가 손상되는 사고 또는 발전소 종사자가 치사량(50만 밀리렘) 정도의 방사선을 받는 사고 −시설 내부의 위험을 수반한 사고. 방사성 물질의 소량 방출로 시간당 방사능 피폭량이 수 mSv(밀리시버트)에 달한 경우로, 원자로 노심의 상당한 손상 및 종업원의 치사량 피폭	−영국: 셀라필드 재처리 공장 사고 −아르헨티나: 부에노스아이레스 임계집합체 RA-2 임계사고 −프랑스: 산로랑 원자력발전소 사고 −이집트: 방사선 선원에 대한 피폭사고 −일본: 도카이촌 방사능 누출사고
고장	3	• 인근 주민이 연가 허용제한치의 10% 정도의 방사선을 받을 수 있는 방사성 물질 누출 사건 또는 사고로 확대될 가능성이 있는 안전 계통의 심각한 기능 상실, 또는 발전소 종사자가 급성 방사선 장애(10만 밀리렘 정도 피폭)를 받는 사건 −중대한 이상. 방사성 물질의 소량 방출로, 안전한 정도의 수 mSv 피폭, 종업원이 소내의 중대한 방사성 물질에 의한 오염이나 급성 방사선 장애를 일으킬 수 있을 정도의 피폭 또는 심층방호 기능의 상실을 의미	−영국: THORP 재처리 공장 누수 사고 −스페인: 반델로스 원자력발전소 사고(1989) −일본: 구 PNC 아스팔트 고화처리시설 화재폭발 사고

	2	• 안전계통의 중요한 고장이 발생하였으나 심층방어 안전기능이 유지되어 사고로 확대될 가능성이 없는 경우 또는 발전소 종사자가 연간 허용제한치(5,000밀리렘) 이상의 방사선을 받는 사건 –안전상 중요하진 않으나, 소내의 상당한 방사성 물질에 의한 오염이나 법령이 정하는 연간 선량 한도를 초과하는 종업원의 피폭, 그리고 심층방호의 상당한 열화를 의미	–일본: 미하마 원자력발전소 3호기 증기발생기 전열관 손상사고 –스페인: 아스코 원자력발전소 –스웨덴: 포스막 원자력발전소 –한국: 월성 원자력발전소에서 냉각재 액체방출 밸브 고장에 의한 원자로 정지 및 보호 밸브 개방에 따른 중수 누출 –한국: 신고리 1호기의 시운전 중 원자로 냉각재의 원자로 건물 살수 –한국: 고리 1호기의 계획 예방정비 중 소외전원 상실 및 비상디젤 발전기 기동 실패에 의한 교류전원 완전 상실
	1	• 원자로 시설의 안전성에 영향을 미치지 않는 비정상 상태 –기기고장 등으로 발전소 안전계통 상태가 운전제한 조건을 벗어난 경우 –이례적인 사건, 운전제한 범위에서의 이탈상황	–일본: 몬주 나트륨 누출
경미한 고장	0	• 원자로 시설의 안전성에 전혀 영향이 없는 경미한 고장(정상운전의 일부로 간주) –기기 고장에 따른 터빈 정지에 의한 원자로 정지 등	

© 국제원자력기구(IAEA)에서 정한 원전사고 · 고장등급(INES) 분류표. 한국원자력산업협회, "원자력용어사전"의 표를 수정함.

이 브라질 고이아니아에 있는 한 병원에 침입해 돈이 될 만한 것들을 찾다가 방사선 암 치료기를 해체해 그 안에 있는 캡슐을 꺼냈다. 불행히도 그 안에는 핵 분열 시 발생하는 방사능 오염물질 중 가장 위험성이 큰 방사성 동위원소인 세슘-137이 담겨 있었고, 고물상을 통해 이 캡슐이 시장에서 유통되는 동안 많은 사람이 방사능에 피폭되었다. 이 사고 후 10만여 명이 검진을 받았는데, 이 중 250여 명이 피폭 판정을 받았으며, 4명이 사망했다. 사망한 한 모녀는 방사능에 피폭되었다는 이유로 매장을 반대하는 주민들의 거센 반발을 겪기도 했다. 또한 피폭 판정을 받은 사람들은 소변 수거를 위해 집중감시 대상 리스트에 올랐고, 고이아니아 지역에 남은 방사성 물질을 제거하기 위해 엄청난 인력과 재원이 동원되었다. 이 사건은 국제 원자력 사고 5등급으로 기록되었다.

6등급과 7등급 사고에서는 매우 심각한 상황이 발생한다. 6등급 사고가 발생하면 방사선 비상 계획도 전면적으로 시행해야 한다. 방사성 물질이 5등급의 10배를 넘는 수백 TBq[03] 이상 유출되며, 국가 비상 시스템이 가동된다.

7등급 원전사고는 방사성 물질의 유출도 역대급이다. 방출되는 양만 수만 TBq 이상이며, 그 피해가 해당 국가를 넘어 다른 지역까지 위협한다. 방사성 물질은 대기와 해류의 흐름을 타고 전 세계로 퍼져나가 쉽게 회복할 수 없는 피해를 주기 때문이다.

전 세계를 불안에 떨게 했던 첫 번째 7등급 원전사고는 1986년 4월 26일 소련 우크라이나 소비에트 사회주의 공화국(현, 우크라이나) 키예프주에 있는 체르노빌 원자력발전소에서 일어났다. 부소장 겸 수석 엔지니어인 아나콜리 댜틀로프1931~1995의 지휘하에 안전성 시험을 수행하던 중 발전소가 폭발한 것이다.

실험 내용은 원자로 가동이 중단될 경우, 관성으로 도는 터빈에 의해 만들어지는 전기가 얼마나 오랫동안 전력을 공급해줄 수 있는가에 대한 것이었다. 이 실험이 진행되는 과정에서 안전장치가 꺼져

03 베크렐(Becquerel): 방사능 방출 능력을 측정하는 국제단위.

▲ 폭발 직후의 체르노빌 원자력발전소

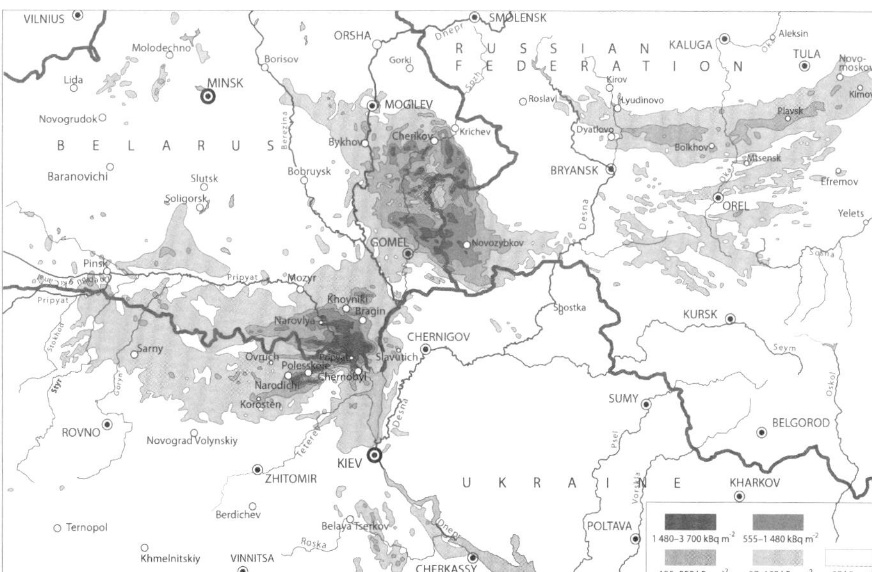

▲ 1996년 체르노빌 원전사고 당시 낙진으로 오염된 지역을 표시한 지도

있었으며, 불행히 실험 도중 예상치 못한 상황에서 정상 출력의 10배가 넘는 에너지가 한꺼번에 만들어지면서 원자로의 콘크리트 천장이 날아갈 정도의 폭발이 일어났다. 이로 인해 500경~1,200경 베크렐의 방사성 물질이 우크라이나를 넘어 유럽 전역에 퍼졌다. 이 사고는 후쿠시마 원자력발전소 폭발사고 전까지 인류 역사 최악의 원전사고로 기록되었다. 국제원자력기구IAEA가 분류한 국제원자력평가척도International Nuclear Event Scale, INES 중 최고 등급인 7단계에 해당하는 최악의 방사능 누출사고였다.

사고의 여파는 사고가 발생한 우크라이나뿐만 아니라, 체르노빌 인접 지역인 벨라루스와 러시아. 스웨덴, 영국 등 유럽 전역에 영향을 주었다. 특히 벨라루스는 체르노빌 원전사고 후 방사능 누출이 가장 심할 때 불어온 바람의 방향으로 피해가 가장 컸다. 전 국토의 5분의 1 정도가 방사능 물질에 오염되었으며, 일부 지역은 원전사고가 발생한 체르노빌과 마찬가지로 폐쇄지역(세슘-137이 40Ci/km^2 이상) 또는 영구·일시 거주 제한 지역으로 분류되기도 했다.

체르노빌 원전사고 발생 30주년을 맞이하여 2016년 AP통신은 국립 민스크 위생·전염병센터가 체르노빌 원전에서 45km 정도 떨어진 벨라루스의 한 목장에서 수거한 우유를 분석한 결과 벨라루스 기준치의 약 10배가 넘는 방사성 스트론튬이 검출되었다고 보도했다. 이 물질은 발암성 방사능 물질이었다.

2008년 국제연합 방사선 영향에 관한 과학위원회UNSCEAR는 체르노빌 원전사고 당시의 발전소 직원 및 사고 진압을 위해 투입된 응급대원 중에서 생존한 피해자 134명(급성방사선증후군 3~4등급으로 분류)

육상에서 방사성 핵종의 주요 이동 경로

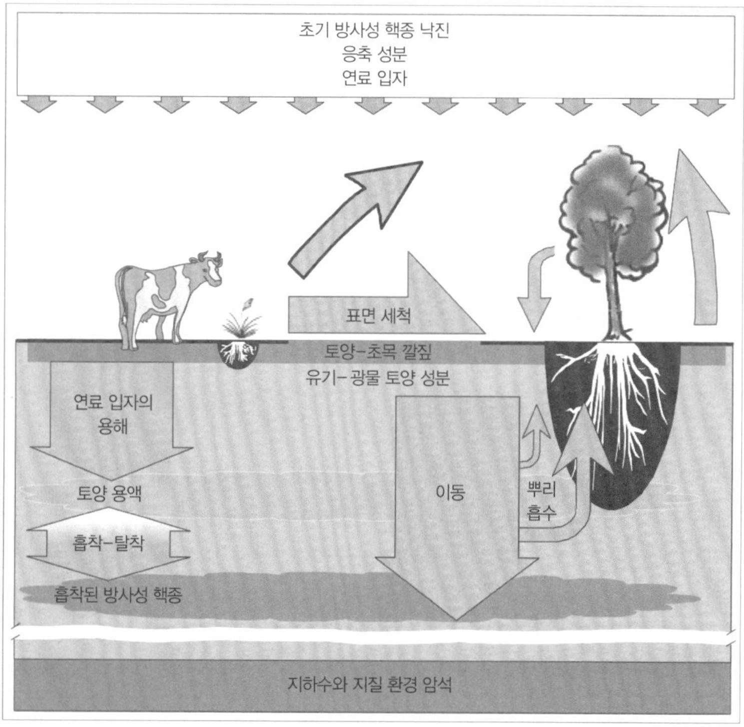

© UNSCEAR 2008 보고서 Vol. II, http://www.unscear.org

을 추적 조사했다. 이들에게서 나타난 가장 지속적인 건강 영향은 피부 손상과 백내장이었고, 정상적인 면역기능을 회복하는 데도 수년이 걸렸다.

늦장 대처로 인한 피해는 더 오래 지속되었다. 체르노빌 사고 당시 방출된 아이오딘-131에 오염된 우유를 마신 일반인 중 어린이나 청소년이었던 사람들 사이에서 갑상선암 발병률이 증가했다. 보고 자료에 따르면, 벨라루스와 우크라이나 전체, 그리고 러시아 연방에서 가장 영향을 많이 받은 4개 지역에 거주하던 14세 미만 갑상선 암 환자들을 조사한 결과, 5,127건(18세 미만은 6,848건)이 1991년부터 2005년 사이에 발병한 것으로 보고되었다.

사고가 발생한 과정에 대한 과학적인 설명은 아직 부족하지만, 체르노빌 원전사고는 경험과 기술 부족뿐만 아니라 안전불감증에서 나온 명백한 인재人災였다. 사고 발생을 공식화하거나, 자국과 주변 국가의 사고 피해를 줄이기 위한 노력을 기울이는 데도 소홀했다.

2020년 4월 3일 체르노빌 주변에서 시작된 산불이 20일 넘게 지속되면서 체르노빌 제한구역 밖은 물론이고 안까지 불에 탔다. 이 산불로 인해 체르노빌에서 약 180km 떨어진 우크라이나의 수도 키예프의 대기 중 초미세먼지는 70$\mu g/m^3$ 이상으로 상승했다. 더 큰 문제는 제한구역 상층을 덮고 있는 흙에 섞인 방사성 물질이 대기 중으로 부유해 주변 지역까지 확산될 가능성이 커진다는 것이었다.

체르노빌 원전사고는 내가 대학에 입학한 직후에 발생한 사건이었다. 35년이 지난 지금, 이 지역은 여전히 봉쇄되어 있으며, 원전사고라는 참혹한 현장의 소리도 서서히 우리의 기억 속에서 잊히는 듯했다.

그리고 2011년 3월 11일, 일본 도호쿠 지방 태평양 해역에서 일본 기상관측 사상 최대 규모의 지진(동일본 대지진)이 발생했으며, 그 여파로 강력한 지진 해일이 일어났다. 당시 이 지역에 속한 후쿠시마의 도쿄전력 원자력발전소들도 이를 피할 수 없었다. 급기야 원자력발전소의 원자로 1~3호기 전원이 자동으로 정지되었다. 이미 달궈진 원자로를 식혀줄 냉각수 공급이 정상적으로 이루어질 수 없었다. 결국 핵연료봉이 녹아내렸고, 이때 부산물로 생성된 수소가 원자로 내 압력을 높여 수소 폭발이 일어나면서 원자로 외벽이 무너지고 방사능이 누출되기 시작했다.

많은 사람이 TV로 목격했듯이, 나 또한 지진으로 발생한 약 15미터 높이의 쓰나미가 겨우 5미터의 방파제를 넘는 모습을 TV를 통해 실시간으로 보았다. 괴물이 입을 벌리듯 모든 것을 삼킬 기세였다. 체르노빌 원전사고와 달리 TV와 SNS를 통해 이 모든 재난을 실시간으로 볼 수 있다는 것이 놀랍기도 했지만, 한편으로는 자연의 위력을 실감할 수 있었다.

거대 지진은 '공포'라는 단어 하나로 설명이 부족하다. 2015년 9.0 규모의 지진 발생을 소재로 한 영화 〈샌 안드레아스〉가 개봉했는데, 영화 속 장면들이 도호쿠 지방에서 실제로 일어난 모습과 같다. 당시 도호쿠 지방은 대규모 여진이 무려 한 달 동안 일어났고, 그보다 작은 소규모 여진은 1년 가까이 지속됐다.

천재지변이 불러온 불운이라고 보기에는 그 피해가 너무 컸다. 물적 피해야 언젠가 복구된다지만, 사고 직후 확인된 인적 피해부터 앞으로 이어질 인적 피해까지 도무지 수치로 가늠이 되지 않는다. 2018년 3월 9일 발표된 일본 경찰청 자료에 따르면, 사망자와 실종자가 18,434명. 완전히 파괴되었거나 반쯤 부서진 건물만도 402,699채, 지진 직후 발생한 피난민이 40만 명 이상이었으며, 대지진 발생 이후 피난 생활을 이어가고 있는 사람이 약 73,000명이었다.

사고 후에 후쿠시마 원전 주변의 바다에서 다양한 방사성 물질이

▲ 2011년 도호쿠 대지진과 쓰나미 이후의 후쿠시마 원자력발전소(오른쪽에서 왼쪽으로 1호기에서 4호기)

검출됐다. 원전이 있는 토양에서는 핵무기 원료인 플루토늄도 검출되어 많은 이를 놀라게 했다.[04] 대기부터 토양, 강, 바다, 지하수까지 어느 곳 하나 안전한 장소는 없었다. 체르노빌 원전사고 때와 마찬가지로 방사성 물질이 바람을 타고 전 세계로 퍼져나갔고, 가까운 우리나라에서도 검출됐다. 그 여파로 우리나라를 비롯한 미국, 중국, 러시아, 유럽, 홍콩, 마카오, 볼리비아, 브라질 등 수많은 나라가 원전사고 관련 지역의 농수산물과 유제품, 공산품을 수입 금지하거나 품질 보증서를 받는 등 각별한 주의를 기울이고 있다.

현재 일본은 후쿠시마의 반경 20km를 지정하여 금지 구역으로 정했다. 그러나 두려운 것은 아직도 후쿠시마 원전에서 오염수가 흘러나오고 있다는 사실이다. 이를 감당하지 못한 일본은 오염수를 태

04 "尹 발언 논란에 되짚어본 후쿠시마 원전사고 원인과 피해", 〈영남일보〉, 2021. 8. 7.

평양 바다로 흘려보내겠다고 주장한다. 정말 그들의 말처럼 인간의 건강에 아무 문제가 되지 않는다는 것이 사실일까? 충분히 과학적으로 증명되었을까?

사고 발생 후, 10년이 지난 지금도 원자로에서 방사성 물질이 계속 공기 중으로 누출되고 있고, 방사능에 오염된 빗물과 원자로 밑을 흐르는 지하수도 여전히 태평양 바다로 누출되고 있다. 이 문제는 2021년 일본의 올림픽 개최와 맞물려 국제적인 이슈가 되기도 했다.

후쿠시마 원전사고는 인재였던 체르노빌 원전사고와 달리 천재지변이 원인이 되어 일어난 사고였던 것은 분명하다. 그러나 사후 처리에 인간의 실수가 보태어진다면 이는 명백히 인재로 보아야 한다. 도호쿠 지방의 농산물이 아무런 문제가 없다며 '먹어서 응원하자.'고 했던 가수 야마구치 타츠야[05]는 2012년 3월에 세슘-137에 내부피폭이 되었다는 진단을 받았다. 일본은 기준치 이하라 문제없다고 주장한다. 그러나 인간의 생애 동안 호흡기·음식물·피부를 통해 반복적으로 노출되어도 건강에 전혀 문제가 없는 방사능 농도 설정에 대한 과학적 근거자료는 아직 충분하지 않다. 정보가 부족할 때는 일단 중단 또는 감소시키는 것이 독성학의 근간인 '사전예방주의 원칙'이다. 무사안일주의, 안전불감증, 간과, 이런 용어들이 초래한 건강 문제는 당연히 인재다.

지금 가장 중요한 문제는 국민들이 몸으로 느끼는 방사능에 대한 불안감을 정부가 과연 충분히 해소해주고 있느냐는 것이다. '일본이

05 일본의 유명 그룹 '토키오'의 멤버, 가수.

올리니까 우리도, 미국이 내리니까 우리도'라는 방식은 이제 국민 모두의 원망과 비판만 쏟아질 뿐이다.

비밀은 위험하다. 그리고 비밀은 불공정하다. 원자력발전소를 세운 이유가 있고, 원자력발전소의 추가 설립을 반대하는 이유가 있을 것이다. 과학적 근거가 없는 대국민 안전 홍보는 설득력이 없어 국민의 호응과 실천을 유도하지 못한다. 이제라도 과학적 근거를 바탕으로 하여 안전한 부분은 안전하다고, 안전하지 않은 부분은 안전하지 않다고 인정하고 진정성 있게 다가가야 한다. 체르노빌 원전사고의 저변에 '세계 최초'에 대한 정부 관계자의 욕망이 있었다는 것을 잊지 말자.

방사선 피폭의 위험

물질을 이루는 가장 작은 단위인 '원자atom'는 원자핵과 전자로 이루어져 있고, 원자핵은 중성자와 양성자로 구성된다. 이 양성자와 중성자의 비율에 따라 원자의 안정성이 결정되며, 불안정한 상태의 원자들은 안정적인 원자핵이 되기 위해 특정한 입자나 빛을 방출한다. 이때 나오는 입자나 빛이 바로 '방사선'이다. 방사선에는 자연에 존재하는 방사선과 사람이 인위적으로 생성한 인공방사선이 있다. 이 중 인공방사선은 의료(X-선 촬영, CT, PET), 산업 및 소비재(전자레인지, 연기감지기, 형광 전구), 농업(방사선 돌연변이 육종 기술), 환경(공기 및 수질 중의 오염물질 제거) 등의 분야에서 폭넓게 활용되고 있다. 비행기 탑승 전후에 반드시 거쳐야만 하는 검열대에서 가방을 열지 않고 가방 안을 검사할 수 있는 것(비파괴검사) 또한 인공방사선을 활용한 것이다.

한편, 방사성 물질은 방사선을 방출할 수 있는 능력, 즉 방사능 radioactivity을 지닌 물질을 의미한다. 전구가 켜지면 빛이 나는 것을 떠올려보자. 이때 빛은 방사선이고, 전구는 방사성 물질이며, 이 방사성 물질이 내뿜는 방사선에 노출되는 것이 피폭이다.

감마선[06]에 노출된 과학자가 변이를 일으켜 헐크로 변하고 지구를 구하는 어벤져스가 되는 것은 영화 속에서나 가능하다. 물론 노출량이 많으면 물질의 구조가 바뀌거나 파괴된다. 만약 그 물질이 세포면, 죽거나 유전자가 손상되어 암세포가 되기도 한다.

암환자들은 암세포를 죽이고, 암세포가 주변 조직으로 전이되는 것을 막기 위해 방사선 치료를 한다. 암이 있는 부위에만 방사선을 조사하지만, 실제로는 암세포 주변의 정상세포도 손상될 수밖에 없다. 그렇기에 방사선 치료를 받은 환자들은 탈모, 설사, 구역질, 피로 등과 같은 증상을 호소하게 된다. 임산부는 X-ray 검사 등을 피하는 것이 방사선 노출에 따른 부작용을 최소화하는 방법이다. 얼마 전 우주방사선에 대한 피폭으로 백혈병에 걸렸다고 주장한 전직 승무원 A씨가 2021년 5월 산업재해 판정을 받았다. 항공 승무원의 방사선 피폭이 산재로 인정된 국내 첫 사건이었다. 그러나 A씨는 판정을 받기 1년 전에 숨졌기에 이 소식을 듣지 못했다.

원자력발전소가 세워진 가장 큰 이유는 산업화, 도시화로 증가

06 대표적인 방사선 종류에는 알파(α)선, 베타(β)선, 감마(γ)선 외에 전자기파인 X선과 입자선인 중성자선, 양성자선, 우주선 등이 있다.

한 전기 소모량을 충당하기 위한 것이었다. 1kW의 전기를 생산하는 데 필요한 단가가 석탄화력과 액체 천연가스보다 매우 낮다. 또한 석탄(991g), 석유(782g)로 1kW의 전기를 생산하면서 발생하는 이산화탄소량도 매우 낮다(10g). 즉, 원자력발전소에서 나오는 전기는 화석연료의 연소로 발생하는 미세먼지가 인간의 건강을 위협하는 일도 확실하게 해결해줄 수 있고, 이산화탄소 발생으로 인한 온실가스 배출량도 적어 기후변화로 허덕이는 지구를 구하는 데도 큰 도움이 될 수 있다.

1956년에 영국에서 최초로 원자력 발전을 가동한 이래, 현대 산업발전의 숨은 공로자는 원자력 발전을 이용한 전기라고 해도 과언이 아니다. 원자력을 인류가 발견한 제2의 불이라고 하지 않던가. 후쿠시마 원전사고가 우리에게 탈원전 공감대를 불러일으켰지만, 그로부터 6개월 후 일어난 대정전Black Out으로 전력 부족 사태를 실감했다. 그리고 우리는 아직 방향을 정하지 못한 채 탈원전과 친원전 사이에서 헤매고 있다.

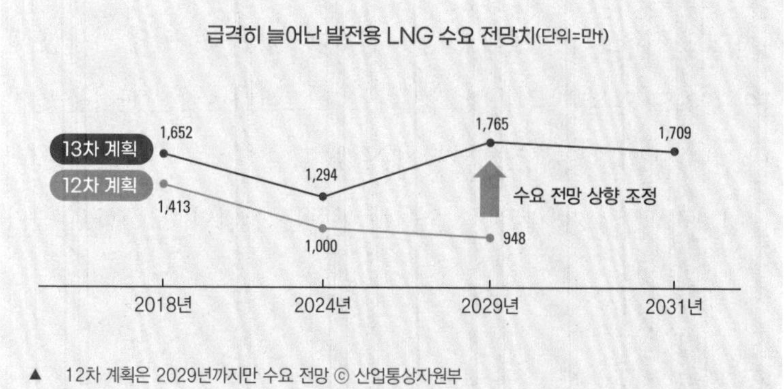

▲ 12차 계획은 2029년까지만 수요 전망 ⓒ 산업통상자원부

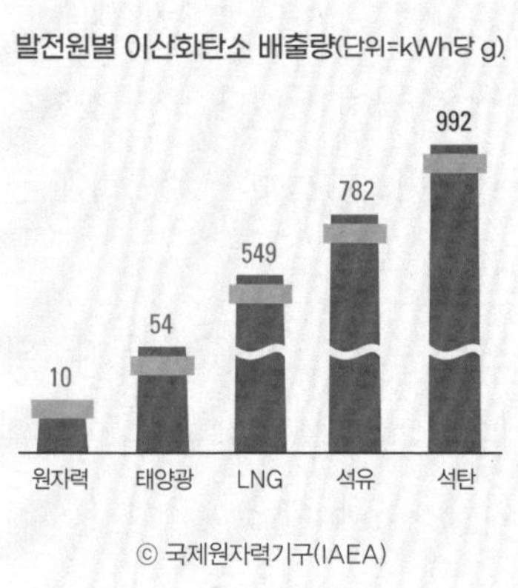

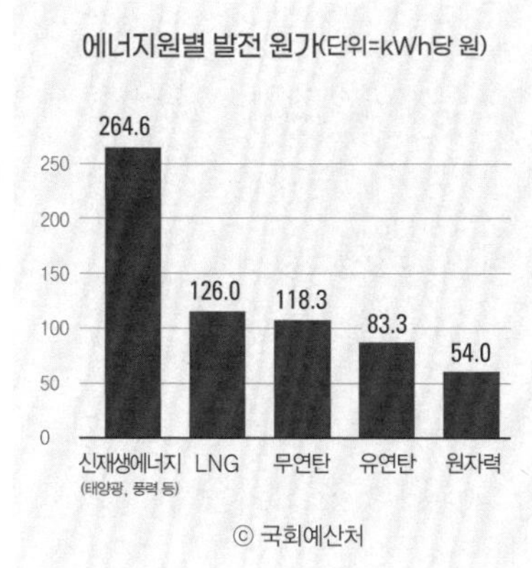

"왕관을 쓰려는 자, 그 무게를 견뎌라."

셰익스피어는 자신의 희곡 〈헨리 4세〉에 이런 명대사를 남겼다. 21세기 인류에게 원자력, 핵은 곧 왕관이 아닐까? 원자력 발전의 중요한 기본 조건은 에너지를 생산할 수 있는 능력보다 안전하게 잘 관리하는 기술이다. 원자력이 소량의 원료로 가공할 만한 에너지를 만들고 탄소나 미세먼지를 배출시키지 않는 장점을 갖고 있다고 해도, 안전에 대해 방심한다면 그것은 약이 아니라 인류의 삶 자체를 송두리째 빼앗아 갈 폭탄이 될 수 있다.

원자력 발전은 그 과정에서 여러 가지 방사성 동위원소가 생기고 이들이 방출하는 방사선의 양도 매우 많다. 물론 핵분열이 일어나는 원자로에는 방사선이 외부로 방출되지 못하도록 특별한 장치를 설계하지만, 체르노빌과 후쿠시마에서 벌어진 사고를 통해 방출되고 있는 방사선의 양이 충분히 약해지려면 10만 년 이상의 오랜 시간이 흘러야 한다.

더구나 원자력 발전에서는 방사능 폐기물 처리 문제가 매우 중요한 문제이지만, 아직 완벽한 해결방법을 찾지 못했다. 만약 찾았다면, 일본이 오염수를 태평양 바다에 쏟아버리겠다고 무책임하게 선언하진 않았을 것이다.

고대 원시인들이 불을 무서운 존재로 여기고 멀리했다면 지금의 세상은 오지 않았을 것이다. 원자력발전소 하나를 봉쇄하고 긴 여름날 에어컨 없이 살자고 한다면 선뜻 용기가 나지 않을 것이다. 1인 가구가 늘고, 가구당 가전 수가 늘면서, 우리는 점점 편리함과 윤택함에 익숙해지는 중이다. 인류 모두에게 묻고 싶다. 원자력이라는 왕관을 벗고 자연으로 돌아가는 것이 과연 옳은 일일까? 원자력이라는 왕관을 안전하게 쓰는 방법을 찾는 것이 현재로서는 더욱 현명한 일이 아닐까?

조용한 살인자의
끝나지 않은 위협_석면

끔찍한 현장에서 드러난 살인자

온 가족이 냇가로 물놀이 갔던 어느 날, 마침 불판을 준비하지 못한 우리는 주변에 굴러다니는 슬레이트 지붕 하나를 주웠다. 흐르는 냇물에 쓱쓱 닦아 큰 돌을 모아 만든 화로에 올릴 생각이었다. 불을 피워 뜨겁게 달군 슬레이트 위에서 고기가 지글지글 익기 시작하자, 굴곡진 곳으로 기름이 흘러내렸고 고기에는 고소함만 남았다. 진짜 최고의 석쇠였다. 그런데 어느 순간, 이 슬레이트 지붕이 몹쓸 물건이 되었다. 방송에서는 끔찍한 폐 사진을 보여주며 이름도 낯선 폐질환과 연관된다고 했고, 2009년부터는 건축물에 사용하는 것을 법적으로 규제한다고 했다. 바로 석면이었다.

2021년 6월 9일, 광주광역시 동구 학동에서는 눈으로 보고도 믿기지 않는 사건이 발생했다. 인명 피해를 가져오는 모든 사고가 그렇지만, 특히 건물 붕괴 사고는 그 여파가 오래 가는 것 같다. 사고 현장에서 발생하는 건축 폐기물 쓰레기, 특히 석면이 그대로 환경 중으로 배출될 수 있기 때문이다.

'광주 학산 빌딩 붕괴 사고' 또한 안전 수칙을 무시한 무리한 해체가 원인이었다. 심지어 불법하도급의 과정에서 단위면적(3.3m²)당 공사비가 원도급사 28만 원이었던 것이 하수급인 10만 원, 재하수급인 4만 원으로 깎였다고 한다.

언론을 통해 뉴스를 접하는 내내 슬금슬금 불안이 엄습했다. 예산이 이렇게 줄어든다면, 석면 해체 비용 또한 정상적으로 이루어지지 않았을 것이 분명했다. 나의 걱정은 곧 현실이 됐다. 석면 해체비 22억 예산을 3억으로 '후려치기'했다는 소식이 전해졌다. 도저히 정상적인 공사가 불가능한 단가였다.

◀ 백운모에 얹힌 석면 섬유의 모습

석면Asbestos은 자연계에 존재하는 섬유 모양의 규산광물을 통틀어 이르는 것이다. 크게 사문석 계열과 각섬석 계열로 나뉘는데, 사문석 계열에서는 백석면이, 각섬석 계열에서는 갈석면과 청석면이 가장 많이 알려져 있다. 석면의 큰 형태학적 특징은 강도가 매우 높고, 가늘고 길다는 것이다. 면비aspect ratio가 3:1 이상인 입자상 물질이며, 굵기는 대략 머리카락의 5,000분의 1 정도이다.

영어명인 'Asbestos'에는 석면의 놀라운 능력이 감춰져 있다. 이는 그리스어 합성어[07]로 '불멸의'라는 뜻에서 유래했다. 무려 400℃가 넘는 온도에서도 불에 타지 않는 내열성과 산이나 알칼리 등 약품에도 잘 손상되지 않는 내구성을 갖고 있다. 게다가 전기 절연성이 뛰어나다.

이런 장점 덕분에 이보다 좋을 수 없을 것 같은 별명도 있다. '신의 선물', '기적의 물질', '마법의 물질'이라니… 석면이 가진 양면성을 고려하지 않으면 최고의 별명이지 않은가. 그러나 WHO의 국제암연구소IARC는 늦게나마 석면을 1군 발암물질[08]로 지정했다. 석면이 함유된 활석탤크, Talc도 1급 발암물질이다. 잠복기가 무려 20년에서 40년이라 '조용한 살인자'로 불린다. 이외에도 '죽음의 섬유', '불타지 않는 돌'이라는 악명이 새로 붙었다.

문제는 석면이 이렇게 위험한 물질인 줄 모르고 너무도 오랫동안 많은 분야에서 활용되었다는 사실이다. 건축용 자재를 비롯해 자동차 부품의 재료, 기계, 화학 설비, 수도, 선박, 산업기계 관계 등 쓰이

07 asbestos: a(not) + sbestos(quench, extinguish).

08 석면이 함유된 활석(탤크, Talc)도 1급 발암물질이다.

잠재적인 석면 노출 경로

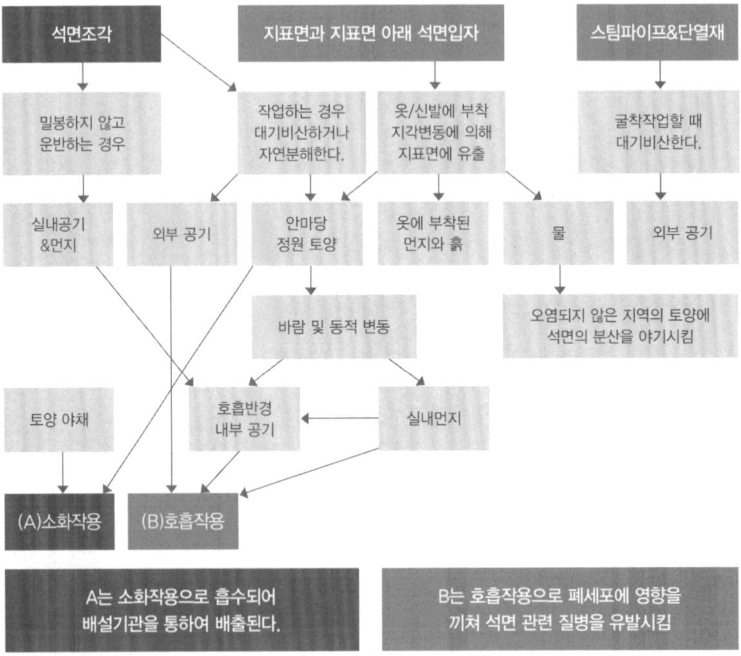

ⓒ 환경부 웹사이트

지 않은 곳이 없다. 아마 6080세대는 아침저녁으로 확성기를 통해 나오던 '새마을운동'을 기억할 것이다. 1970년대 초, 대한민국의 농어촌 현대화를 위해 시작된 새마을운동의 일환 중 하나가 농어촌의 초가지붕을 슬레이트 지붕으로 교체하는 것이었다. 내구성, 내열성, 전기 절연성이 뛰어나고 가격이 싸서 연료를 절약하며 집 안을 따뜻하게 유지하는 데 이보다 좋은 자재가 없었다. 내가 처음 실험실에 입문했을 때만 해도 세포실험에 필수 기자재인 세포배양기의 뒷면에 석면이 들어 있었다. 37℃로 온도를 유지하는 데 가장 저렴한 재료였을 것이다.

석면은 사용한 지 약 8년이 지나면 분진을 방출한다. 스스로 알아서 나올 리는 없으니 걱정하지 말라고 하고 싶지만, 외부의 충격이 있으면 공기 중으로 새어나오니 그럴 수도 없다. 낡은 집을 수리하느라 망치질하고, 에어컨을 배관하거나 벽에 구멍을 뚫는 것도 외부 충격을 주는 것이다. 결국 낡은 건물을 철거할 때 석면 해체 업체를 따로 선정할 만큼 주의가 필요하다. 아무나 해서도, 함부로 해서도 안 된다는 이야기다. 그런데 석면 자재를 넣어 지은 집을 8년 만에 허무는 경우가 있던가?

언제부터 석면이 사용되었는지 역사를 찾는 것은 무의미하다. 최초의 사용 기록은 석기시대까지 거슬러 올라간다. 고대 그리스의 신전에서는 램프의 심지로 사용했다는 기록이 있다. 산업혁명을 거치며 점차 사용처가 확대되었는데, 제2차 세계대전 때는 헬멧, 방독면, 총열 덮개, 전차, 군용기 등 군수품에 널리 사용되기도 했다.

약이라면 '만병통치약'쯤으로 보이는 '석면'의 위험성. 뒤늦게 알게 되었지만 늦어도 너무 늦었다. 게다가 하루아침에 사용을 금지할 수 없었던 현실은 어디에 하소연해야 할까? 석면이 수상하다는 소문은 1960년대부터 있었지만, 1974년 프랑스의 공장 근로자들이 폐암으로 사망하면서 그 민낯이 드러났다.

세계는 지금 신의 선물인 줄 알고 사용한 석면이 사실은 침묵의 살인자였음을 인정하고 있다. 현재 미국과 유럽 등 많은 나라가 석면 사용을 전면 금지했다. 우리나라는 2009년부터 건축물에 대한 사용을 금지하고, 2011년에는 석면피해구제법을 시행했다.

발암물질 석면, 화장품이 되다

2021년 6월 1일, 미국 연방 대법원은 21억 2,000만 달러라는 보상 금액을 최종 판결했다. 한화 약 2조 3,521억 원에 해당하는 이 판결을 받아들여야 하는 기업은 '존슨앤존슨'이었다. 이들은 석면과 유사한 탤크Talc가 포함된 베이비파우더를 만들어 판매했으며, 독립적으로 진행된 수십 가지 과학적 평가에서 '존슨즈베이비파우더는 안전하다.' '석면이 포함되지 않았고 암을 유발하지도 않는다.'고 주장했지만 받아들여지지 않았다.

존슨앤존슨이 베이비파우더를 만들 때 사용한 재료는 분명 우리가 아는 석면이 아니며, 기저귀를 사용하는 아기들의 피부발진을 예방하기 위한 수렴제의 역할을 한다. 그러나 미국 국립독성연구원은 석면이 포함되지 않은 탤크라 하더라도 하루 6시간, 주당 5일간, 113주 이상 투여한 쥐에게 종양을 일으킬 수 있다고 발표했다.[09]

동물실험을 통한 세계 각국의 또 다른 독성 연구도 주목해야 한다. 피부 독성으로 이물 과립종[10]과 만성 피부자극, 섬유증, 육아종[11] 형성 등이 보고된 바 있으며, 급성 흡입 시 심혈관계 독성[12]이 보고되었다. 우려되는 것은 여성 생식기에 사용하면 난소암의 위험률을 증

09 미 FDA는 석면을 포함하지 않은 탤크를 화장품의 원료로 사용해도 안전하다고 보고 있다.

10 탤크 혼입 수술 장갑용 파우더 사용 시(Coder & Olander, 1972).

11 쥐(rat) 피부의 상처에 도포 시(Fukawa K et al., 1982).

12 급성 흡입 시 빈맥과 심폐정지(Brouillette & Weber, 1978).

가[13]시킨다는 연구 보고다. 겨드랑이나 허벅지도 아니고, 기저귀로 인한 피부발진을 막으려고 사용하는 것이 파우더이기 때문이다.

호흡기로 흡입했을 때의 독성 연구 결과는 이미 상당 부분 밝혀졌다. 기저귀를 교체할 때 어린이가 파우더를 흡입하게 되면 기침이나 구토, 심하면 청색증을 보일 수 있다. 어른이라도 호흡성 산증, 기관지염, 세기관지염, 폐부종, 무기폐, 폐기종, 중증의 세기관지 협착이 나타날 수 있으며, 만성 흡입할 경우 탤크 진폐증의 위험성이 있다.

이렇게 많은 연구 결과와 달리, 미국 FDA는 석면을 포함하지 않은 탤크를 화장품의 원료로 사용해도 안전하다고 보고 있다. 30여 년의 연구 결과들인데 아직 논란이 있다는 것은 좀 더 깊은 연구가 이루어져야 한다는 뜻으로 봐야 할 것이다. 앞서 말한 바 있지만, 아직 모른다는 것은 '안전하다.'는 확신이 아니다.

존슨앤존슨은 2020년 5월에 탤크 성분 베이비파우더의 판매 중단을 알렸다. 하지만 전 세계가 아닌 북미 지역의 판매만 중단되었기 때문에 반갑지 않다. 미국의 피해자들이 발암물질 석면이 들어 있어 난소암이 발생해 피해를 보았다고 소송을 시작한 것이 2015년으로, 대법원의 최종 판결까지 약 6년의 시간이 소요되었다. 책임을 인정하고 또 인정받기까지의 시간은 너무도 길다. 미국이 아닌, 전 세계 소비자들의 피해는 어떻게 확인받고 증명할 수 있을까? 존슨앤존슨의 탤크 베이비파우더는 1893년에 출시되었으며, 지금까지 128년 동안 판매되고 있다. 이제는 북미 지역만 제외하고.

13 주원인이라 할 수 없지만, 난소암 발생 위험률을 증가시킨다(Harlow BL et al., 1992).

우리나라는 과연 안전하다고 말할 수 있을까? 결론부터 말하면 전혀 그렇지 않다. 우리는 이미 미국보다 앞선 2009년에 '베이비파우더 석면 파동'을 겪었다. 당시 식약청의 검사에서 석면이 검출된 문제 제품은 총 12종으로 전량 회수 및 폐기 조처되었고, 아예 판매 중단을 하기에 이른다. 그러나 이후에 이루어진 '파우더형 화장품의 석면 함유 조사'에서 화장품과 의약품에까지 석면이 검출됨으로써 논란의 불씨는 재점화되었다. 결국 사건이 일어나고 9일 만에 정부가 움직였다. 석면 함유 제품 전면 조사, 수입 탤크 국내 반입 전면 차단, 탤크 함유 여부에 대한 제품 검사 기준 마련 등이 이루어졌다.

석면 노출로 생기는 암

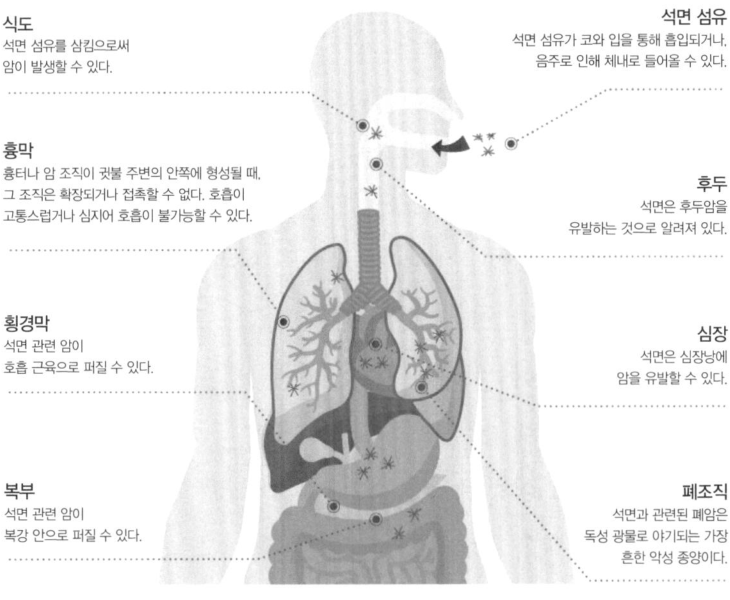

© https://www.asbestos.com/exposure

이제 질문을 바꿀 차례다. '베이비파우더 석면 파동' 이후, 우리나라는 석면으로부터 안전해졌을까?

끝나지 않은 석면의 위험

2009년에 겪은 '베이비파우더 석면 파동'은 석면과의 전쟁이 끝난 것이 아닌, 시작에 불과했다. 이후로 속속들이 우리 환경 속 석면의 존재가 파헤쳐지며 그 심각성이 알려지기 시작했다.

사실 '베이비파우더 석면 파동'이 발생하기 이전인 2006년, 지하철 역사 건설에 사용된 석면과 라돈, 미세먼지에 대한 문제가 논란이 되었다. 서울지하철 30개 역 중 21개 지하철역에서 석면이 검출되었으며, 18개 역은 승강장 천장과 대합실[14]에서도 검출되어 시민의 건강을 위협하고 있었다.

지하철 석면에 이어, 재개발 석면 등의 사건도 줄지어 발생했다. 석면공장이나 석면광산 주변의 주민들에게서 중피종, 폐암, 석면폐와 같은 치명적인 석면 질환이 발생하기도 했다. 2009년에 우리나라가 석면 사용 전면 금지조치를 시행에 옮긴 배경에는 이러한 사건들이 있었던 것이다. 그뿐만이 아니다. 우리나라는 2007년부터 단계적으로 석면제품의 사용을 금지했다. 2007년에는 '석면시멘트제품',

14 "2006년 서울지하철 환경감독관 조사", 공공운수연맹 안전하고 쾌적한 지하철 만들기 추진위 발표: 영등포구청역, 한양대역, 을지로입구역, 역삼역, 신림역, 시청역, 선릉역, 서초역, 상왕십리역, 삼성역, 봉천역, 방배역, 문래역, 낙성대역, 교대역, 충무로역, 숙대입구역, 성심여대입구역.

2008년에는 '석면섬유제', 2009년에는 '석면 브레이크라이닝'을 포함한 모든 종류의 석면 제품을 금지했다.

석면 사용 금지조치에는 원료 물질로서의 석면은 물론이고 석면 제품의 수입, 유통, 사용의 금지가 모두 포함되었다. 하지만 아직 우리는 '석면의 공포'로부터 자유롭지 못하다. 잠복기가 수십 년인 석면으로 인한 질병, 규제가 없었던 10년~20년 전의 노후건물과 상하수도, 지하철 등 곳곳의 위험성은 아직 결과로 나타나지 않았다고 보아야 하기 때문이다. 환경부도 석면으로 인한 폐질환 환자는 2030~2045년에 절정기에 이를 것으로 예상한다.

아직도 석면이 '신의 선물'이자 '기적의 물질'로 보이는 사람이 있을까? 나는 몰라서 슬레이트 위에 삼겹살을 구워 먹었어도, 석면의 정체를 알게 된 지금은 그 고기를 내 아이에게 먹으라고 할 수는 없다.

마찬가지로 과거의 우리는 석면이 사람을 지독한 고통 속에서 사망에 이르게 할 수 있다는 진실을 몰라서 사용했다. 그 사실만은 인정해야 할 것이다. 그러나 이제부터라도 고민해야 한다. 이미 최소 백 년 이상 사용해온 석면을 어떻게 책임질 것인가? 철거 비용이 경제적으로 부담이 되어도 우리는 그 비용을 감당해야만 한다. 그것이 무지로 인해 예고된 국민의 고통과 미래 세대가 겪을 건강의 위협을 막을 수 있는 최선의 방책임을 확신한다.

기업의 안일함이 부른 재해 _미나마타병과 온산병

환경오염은 어머니의 자궁에서부터

2012년 6월 11일, 일본 구마모토대학 하라다 마사즈미 박사가 급성 골수성백혈병으로 별세했다. 그는 공해병의 대명사인 '미나마타병의 아버지'였으며, 생전에 본인의 유골 일부를 미나마타병이 발생한 구마모토현 미나마타시에 접해 있는 '시라누이不知火해'에 뿌려달라는 유언을 남겼다고 한다. 하라다 박사의 별세 관련 기사를 읽는 내내, 오랜 시간 미나마타병 환자들과 보낸 그의 진심이 그대로 느껴졌다.

미나마타병은 중학교 교과 과정을 마친 사람이라면 누구나 알고 있을 정도로 잘 알려진 수은 중독에 의한 공해병이다. 1950년대 초, 일본 규슈 미나마타현 지역에서 이상한 일이 반복되었다. 날아가던 갈매기가 떨어지고, 집에서 키우던 고양이가 침을 질질 흘리며 비틀거리듯 걸어 다녔다. 그런데 얼마 후 어린아이들에게서 유사한 증상

▲ 미나마타병의 원인을 밝혀낸 하라다 박사

▲ 미나마타병에 걸린 환자 ⓒ 국제 구강 의학 및 독성학 아카데미(IAOMT) 유튜브, "일본 미나마타에서 발생한 수은 중독의 파괴적인 영향" 캡처, https://www.youtube.com/watch?v=MSKdkssJ6I0&t=2s

이 나타났다. 일본 정부는 "인근 신일본질소비료(新日本窒素肥料, 현 칫소(チッソ))사 공장에서 메틸수은이 섞인 폐수를 바다에 무단 방류하여 물고기와 바닷가의 조개 등 어패류를 오염시켰고, 이를 모르고 섭취한 인근 주민들이 수은 중독 현상을 일으킨 것이다."라고 최종 결론을 내렸다.

그러나 이러한 결론을 얻기까지의 과정은 결코 순탄하지만은 않았다. 수많은 연구진과 피해자의 끈질긴 투쟁이 있었기에 가능했다. 공식적으로 첫 환자가 발생한 것은 1956년이고, 하라다 박사가 이끄는 구마모토대학 의학부 미나마타병 연구팀이 메틸수은에 의한 중독 증세임을 입증한 것이 1959년이지만, 일본 정부가 신일본질소비료와 수은 중독의 연관성을 명백하게 인정한 것은 1968년이다. 첫 환자 발생 후 무려 12년이 흐른 뒤에야 인과관계가 밝혀진 것이다. 이렇게 책임 인정이 늦어지는 동안 1965년 니가타현에서 유사 증세가 보고되었다. 니가타현 주민들은 이 증세가 화학공업회사인 쇼와전

공에서 배출된 폐수와 관련이 있음을 감지해 소송을 제기했고, 3년 뒤인 1971년에 일본 정부는 이를 인정했다. 뒤이어 미나마타현 주민들의 증세가 칫소 공장 폐수와 연관 있다는 것도 인정했다. 같은 해 미나마타현 피해자들은 1959년에 칫소와 합의한 내용을 파기하고 칫소 공장의 법적 책임을 묻는 소송을 다시 제기했다. 일본 재판부는 소송 제기 후 2년 뒤 피해자의 손을 들어줬지만, 피해자 인정 기준이 마련되기까지 6년이라는 시간이 더 걸렸다. 1977년이 되어서야 일본 정부가 이러한 기준을 마련했기 때문이다.

신일본질소비료사의 사장은 1979년에 유죄판결을 받았다. 그러나 법정 싸움은 1987년까지 이어졌다. 1987년 구마모토 지방법원에서 결국 원고 승소 판결이 나왔고, 다시 1995년에 환자 단체와 당시의 집권당이 합의함으로써 최종 해결되었다. 피해가 시작된 1955년으로부터 40년, 원인이 밝혀진 1959년으로부터 36년, 정부가 인정한 1968년으로부터 27년이 흘렀다.

우리는 현재 가습기살균제 피해자 소송의 어렵고 불편한 과정을 지켜보고 있다. 어떤 질병이 일상생활에서 노출된 특정 물질과 인과관계가 있음을 과학적으로 입증하는 것은 매우 복잡하고 힘든 과정이다. 우리는 일상생활에서 너무나 다양한 화학물질에 빈번하게 노출되기 때문이다. 자신의 질병도 입증하기 어려운데, 하물며 뱃속 아기의 장애까지 확인한다는 것은 과학자의 끈질긴 노력의 결과라고 하지 않을 수 없다. 하라다 박사는 그것을 해낸 것이다.

태아가 해로운 물질로부터 최대한 안전할 수 있도록 신은 우리에게 태반이라는 생체 구조를 허락하셨다. 그것이 지금까지의 정설이었다. 그러나 특정 물질은 이 태반을 통과할 수 있다. 미나마타병의 원인 물질이었던 메틸수은이 그 중 하나였다. 하라다 박사는 셀레늄이 수은과의 길항작용을 통해 동물의 장기organ에 축적될 수 있고, 실제로 미나마타현에 거주한 임산부의 탯줄에서 메틸수은 농도가 현저하게 증가했다는 내용의 연구 논문을 그의 동료인 니시가키와 함께 〈네이처Nature〉지에 게재했다.

또한 메틸수은이 농축된 해양생물을 섭취한 엄마에게서 태어난 태아의 뇌에 매우 심각하고 광범위한 병변이 발생하는 것을 관찰하고, 선천성 미나마타병으로 명명했다. 이와 같은 하라다 박사의 연구 결과는 장애아를 낳은 산모들의 마음의 짐을 덜어주기에 충분했다. 만약 이러한 결과가 없었다면, 그 엄마들은 이유도 모른 채 평생을 임신기에 주의하지 못한 자기 자신만을 원망하며 죄인처럼 살아야 했을 테니까.

우리에게도 이와 유사한 공해병의 역사가 있다. 울산광역시 울주군 온산읍에서 발생한 일명 '온산병'이 그것이다. 하라다 박사도 1982년에 조사단으로 이곳을 방문한 적이 있다.

당시 우리나라는 1960년대부터 본격적으로 경제발전을 위해 총력을 기울이던 시기였고, 곳곳에 공장이 세워졌다. 한국전쟁 이후 피난민과 월남민들이 몰려들어 형성된 종로 판자촌이 철거되고 국내 최초의 주상복합건물인 세운상가가 세워진 것도 바로 1968년이다.

1974년, 정부는 제1차 경제개발 5개년 계획의 일환으로 추진 중이던 울산석유화학공업단지의 조성과 함께 구리, 납, 알루미늄과 같은 비철금속과 석유화학 제품의 국가 자립도를 높이기 위한 목적으로 울주군 온산읍 일대를 '온산공업단지'로 지정했다. 이에 따라 1975년부터 구리, 아연, 알루미늄 등의 제련공장과 석유화학, 펄프 등의 공장이 이곳에 들어서게 된다.

그런데 1978년부터 인근 주민들이 크고 작은 피해를 호소하기 시작했다. 이 지역의 환경오염과 주민들의 건강 영향을 취재하던 〈한국일보〉 기자가 1985년 1월 18일 '한국형 이타이이타이병'으로 관련 기사를 최초 보도하면서 그 사실이 알려졌다. 온산공단 주변 어촌 주민 500여 명이 '이타이이타이병' 증세를 보인다는 내용이었다.

환경청은 바로 다음 날에 "온실 괴질, 공해병 아니다."라고 즉각 보도했다. 뒤이어 역학조사 결과에 대한 발표에서도 "이 지역의 대기환경은 우려할 수준이 아니며, 인근 주민에게서 발생한 건강 문제는 공해병으로 인정할 수 없다."고 결론 내렸다.

이를 받아들일 수 없었던 피해자들, 그 지역주민의 건강 문제와 환경의 상관성에 관심을 기울이던 기자들, 연구자들의 항의가 지속됐다. 정부는 1985년 10월 약 1,200여억 원을 들여 인근 지역 8,300여 가구를 이주하는 계획을 발표했다. 또한 1986년 3월에는 울산, 온산공단을 '공해특별대책지역'으로 지정하게 된다. 그러나 불행히 지금까지도 공단에서 배출한 중금속 분진과 유독 폐수에 의한 수질·농산물·해산물 오염으로 인한 중독으로 추정만 되고 있을 뿐, 정확한 이유는 밝혀지지 않았다.

지금이야 개인 SNS나 유튜브 등 다양한 방식으로 소식을 전할 수 있어 감출 수 있는 것이 별로 없지만, 당시에는 신문이 아니면 다른 지역 소식을 알기 어려운 시절이었다. 더구나 당시 기자의 회상을 들

어보면 제대로 보도할 수 없는 상황이었음이 짐작된다.[15]

온산병이 발생한 울산 지역은 박정희 시절에 경제부흥을 꿈꾸며 대규모 화학공단을 세운 곳이다. 독성학자로서 기사 내용을 통해 추론해 보았을 때, 주변 지역의 환경오염에 노출된 건강 문제였을 가능성이 매우 크다. 1970년대는 국가 생존을 위한 경제발전 계획이 본격적으로 가동된 시기였기에 공장 가동 과정에서 발생하는 배출물에 의한 환경오염 문제까지 고려할 만한 여유가 없었을 거라고 너그럽게 볼 수도 있다.

온산병과 관련하여 최초 기사가 나간 것은 1985년이다. 1980년 12월 24일, 국제올림픽위원회IOC는 대한민국 서울이 1988년 하계 올림픽 후보 도시임을 발표했고, 1981년 11월 26일, 인도 뉴델리에서는 서울이 1986년 아시안게임 개최지로 선정되었다. 두 대회를 정상적으로 개최하기 위한 스포츠 시설과 선수촌 건립에 엄청난 돈이 투자되었고, 예정대로 화려하게 막이 올랐다. 전 세계인은 한국전쟁 중단 후 30여 년 만에 이루어낸 놀라운 경제발전에 극도의 놀라움과 의심 없는 물개박수를 보냈다. 그러나 한편에서는 그 발전 속도의 후유증을 앓고 있었다.

"어린이 여러분 중에 뼈마디가 아프거나 피부병이 있거나 눈병을

15 "공해문제는 평소에도 기사화가 잘 되지 않았다. 내부적으로 심각하게 생각하지 않은 탓도 있지만, 사회불안을 조장하는 행위로 받아들인 외부의 압박도 작용했던 듯하다. 공해문제를 다루는 것에 민감했던 그때 분위기로 봐서 기사를 받지 말라는 보도지침이 내려왔을 가능성이 있다. 나도 그 이후로 후속기사를 쓰지 못했으니까…." 〈주간경향〉, 2006년 3월 16일 자 기사 "[秘錄환경운동 25년] 온산병 사태(1)" 중에서 한국일보 특집부 김주언 기자(현 신문발전위원회 사무총장) 회상 참조.

▲ 온산공단 공해로 어패류가 폐사하자 해녀들이 항의시위를 벌이는 모습. 이들은 팔·다리가 쑤시는 '온산병' 증세를 호소하기도 했다. ⓒ "[秘錄환경운동 25년] 온산병 사태(4)", 〈주간경향〉, 2006년 3월 16일.

앓는 사람은 손 들어보세요."

온산공단 지역주민의 건강 문제를 취재하던 기자들과 한국공해문제연구소 소속 연구자들은 온산초등학교를 방문해 어린 학생들에게 물었다. 그러자 52명 중 26명이 손을 드는 놀라운 일이 벌어졌다. 주변 바다에서 물질하며 생계를 이어가던 해녀들의 말은 더욱 가슴을 먹먹하게 만들었다.

"몸도 안 좋고 건지는 거 션찮다 캐도 안 하고 몬 사는 기 우리 아입니껴. 우야마 좋십니껴. 국민핵교 댕기는 얼라도 빼마디가 쑤시고 아푸다 카는데. 선상님요, 내는 살 만치 살았으이까네 우리 아아들만은 좀 살리주이소!"[16]

16 "[秘錄환경운동 25년] 온산병 사태(1)", 〈주간경향〉, 2006년 3월 16일.

우리 아이들만은 좀 살리주이소…. 독성학자이기 전에, 엄마로서 그 심정이 어떠했을지 충분히 공감이 간다. 책임의 소재를 따지기 전에 이름도 원인도 모를 병으로 고통받는 자식을 지켜보는 심정이 어땠을까. 아이들만이라도 살려달라며 자신은 살 만큼 살았다고 한 엄마는 겨우 37세였다.

당시 온산 현지 조사에 동행했던 하라다 박사는 "일본에도 이렇게 단기간에, 많은 사람에게 공해병이 발생한 적이 없다."며 "대기오염이나 비철금속, 어패류 오염… 아무래도 복합공해병인 것 같다."[17] 라고 말했다. 일본의 학계·언론계·시민단체, 독일 녹색당 간부 등 유럽 환경 관계자 등이 방문하여 조사·취재했다고 하니, 이미 세계적 관심이 쏟아진 사건이었다. 그래서 더더욱 궁금하다. 당시 정부는 대체 왜 공해병이 아니라면서도, 무려 4만 명에 가까운 주민을 다른 지역으로 이주시켰을까?

진실의 시간을 기다리는 사람들

일본에서 미나마타병이 최종 해결되기까지 40년이 걸렸다. 우리나라 온산병 환자들은 1983년 12월 피해 보상금 지급 판결을 받았다. 그러나 진실은 여전히 모르고 있고, 역시 40여 년의 세월이 흘렀다.

17 "[秘錄환경운동 25년] 온산병 사태(5) 영구미제로 봉인된 미스터리극", 〈주간경향〉, 2006년 4월 14일.

닮은 듯 닮지 않은 두 사건을 놓고 보니 우리가 앞으로 살아가는 동안 무엇을 어떻게 해야 하는지 사명감이 들 수밖에 없다.

환경문제와 관련된 사건이 드러나면 정부의 관계기관이나 언론사로부터 어김없이 연락이 온다. 해당 오염물질에 대한 자문과 의견을 묻기 위해서다. 심지어 경찰서에서도 연락이 온다. 내가 하는 공부와 연구가 누군가의 억울함을 해결하는 데 도움이 된다는 사실이 사뭇 뿌듯하고 보람차다.

그렇지만 아무리 세상이 달라지고 국민의 삶이 편안해졌다고 해도 여전히 아쉬운 점들이 많다. 국민에 대한 책임을 다하는 기업이 있는 반면에 그렇지 않은 곳도 있어서다. 게다가 어떤 경우에는 정치적 문제로 환경문제가 이용되는 것은 아닌지, 옛날처럼 '국민 위화감 조성'이라는 이유로 공해나 환경문제에 입을 닫아야 하는 건 아닌지 눈치도 보인다.

이런 어수선한 마음인데, 요즘 '집단소송제'와 '징벌적 손해배상제도'의 도입이 논의되면서 기업과 소비자, 정부조차도 어수선하다. 집단소송제가 도입되면, 지금과 달리 다수의 피해자가 발생할 경우 그 중 1인이 대표로 소송을 할 수 있다. 현재처럼 피해자 전부가 나서서 소송하는 것이 아니라, 일부 피해자라도 나선다면 전체를 대변할 수 있다는 이야기다.

'징벌적 손해배상제도'는 우리나라와 달리 외국에서 활성화되어 발전한 법이다. 고의나 중과실로 소비자가 피해를 본 경우, 피해액의 최대 5배를 보상하게 하는 제도다. 현재는 피해액에 상응하는 보상금을 지급하게 되어 있다.

나처럼 법을 잘 알지 못하는 사람이라도 이 법이 도입되면 소비자들의 정당한 알 권리와 피해보상 체계가 세워져 소외된 사람이 없어질 것으로 보인다. 적어도 해외에서 천문학적 수치의 손해배상 금액을 판결받은 기업이 국내의 법 환경 탓에 훨씬 적은 보상만 해오던 행태도 사라질 듯하다. 그래서인지 '사업하기 어렵게 만드는 법'이라는 기업인들의 볼멘소리도 들린다.

나는 미나마타병의 책임이 있는 신일본질소비료사와 비슷한 기업들의 사례를 많이 봐왔다. 독자들에게 친숙한 영화 〈에린 브로코비치〉에서 싱글맘 에린 브로코비치는 미국의 거대 에너지 기업 PG&E를 상대로 미국 법정 사상 최고액인 3억 3,300만 달러 보상을 판결받지 않았던가. 환경오염이 남은 삶을 송두리째 망가뜨리거나 아예 죽음을 맞을 수도 있는 공해병을 가져온다고 생각하면 충분하지 않을 수도 있다. 그러나 중요한 것은, 책임 소재를 명백하게 밝혀 인정받았다는 사실에 있다.

우리에게는 아직 해결되지 않은 소비자 피해 문제들이 산적해 있다. 40년 동안 여전히 원인이 밝혀지지 않은 온산병 피해자들과 현재도 진행 중인 가습기살균제 피해자 등 크고 작은 피해로 아파하는 사람들이 너무나 많다. 이런 법이 아니라도, 언젠가는 당당히 책임을 다하는 기업이 나타나지 않을까? 이익에 눈이 멀어 독성을 알면서도 석면해체 공사비를 축소하는 기업이 더는 존재하지 않는 나라, 그런 나라는 환경에 대한 국민의 의식이 깨어 있어야만 만들어질 것이다.

"환경오염은 어머니 자궁 속에서 시작된다."

하라다 박사는 이렇게 말했다. 그의 말처럼, 수은 중독으로 미나마타병을 앓는 피해자들의 아이들이 뇌성마비로 태어났다. 밝혀지지 않은 진실 속에 또 무엇이 감춰져 있을지 두려운 것이 쓸데없는 기우였으면 좋겠다.

3장

우리를 위협하는 환경의 역습

환경이 유병장수有病長壽의 시대를 만들다

노년을 위협하는 환경성 질환

2020년 12월에 통계청이 발표한 한국인의 평균수명(기대수명)은 83.3세였다. 2026년에는 65세 이상 노인 인구의 비중이 전체 인구의 20.8%가 되어 '초고령사회'에 도달할 것이라고 한다.

그러나 질병에 걸리지 않고 건강한 모습으로 살아가는 건강수명은 약 64.4세(2018년 기준)로, 생애 중 무려 19년이라는 세월을 질병과 싸우는 것으로 나타났다. 삶의 약 4분의 1을 병든 몸으로 살아간다고 생각하니 무병장수의 꿈이 잡을 수 없는 신기루처럼 아련하다. 더구나 노후의 삶은 질병으로 고통받는 시간이 더욱 길어서 '잠을 자듯 조용한 죽음'을 맞는 것을 축복이라고까지 하지 않던가.

인간의 질병은 두 가지로 분류된다. 부모로부터 물려받은 유전적 결함으로 생기는 '유전성 질환'과 인생을 살아가면서 환경에 존재하는 다

기대수명과 건강수명 추이

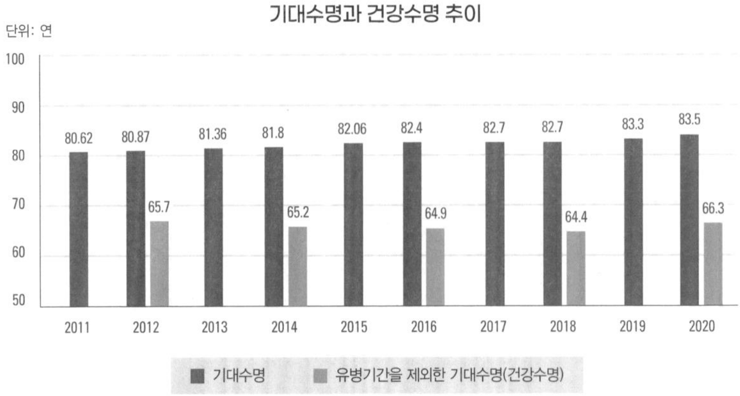

▲ • 기대수명: 0세의 출생아가 앞으로 생존할 것으로 기대되는 평균 생존연수(0세의 기대여명)
• 기대여명: 특정 연령(x세)의 사람이 앞으로 살 것으로 기대되는 연수
※ 평균수명=기대수명=출생 시 기대여명
• 유병기간을 제외한 기대수명(건강수명): 기대수명 중 질병이나 부상으로 고통받은 기간을 제외하고 건강한 삶을 유지한 기간을 의미
ⓒ 통계청, "생명표, 국가승인통계 제101035호"

양한 유해물질에 노출되어 걸리는 '환경성 질환'이다. 그러나 대부분의 유전적 질환도 초기에는 환경적 요인이 작용했을 것으로 추정된다.

우려되는 것은 이렇게 이해하기 쉽고 의미가 단순한 환경성 질환이 그 유도물질과 발병 기전을 명확하게 규명하는 것은 거의 불가능하다는 것이다. 우리가 살아가는 환경 속에 존재하는 유해물질의 종류가 헤아릴 수 없을 만큼 다양하고, 복잡하게 얽혀 있으며, 인간이 살아가는 방식 또한 천차만별이기 때문이다. 우리는 그 예를 가습기 살균제 사건에서 찾아볼 수 있다. 즉, 병증은 같더라도 각 개체가 노출된 유해물질의 종류와 양, 빈도가 너무나 상이해서 단일 물질(또는 제품)에 대한 노출과의 상관성을 밝히거나 병리학적 기전을 규명하는 것이 불가능하다. 그로 인해 현재까지 환경성 질환의 원인을 근본적

© WHO

으로 제거할 수 있는 치료제는 전무한 실정이다.

그 대표적인 원인 물질 중 하나가 미세먼지다. 2013년 WHO는 미세먼지를 1군 발암물질로 지정했다. 1군 발암물질은 동물뿐만 아니라 사람에게서도 암 발생과의 인과관계가 명백히 밝혀진 물질로 비소, 6가 크롬, 석면, 포름알데하이드, 벤젠, 흡연 등이 이에 포함된다.

또한 2021년 9월 22일에는 16년 만에 처음으로 대기오염물질 6종(미세먼지, 초미세먼지, 오존, 이산화질소, 이산화황, 일산화탄소)의 대기질 관리 기준 농도를 강화했다. 대기 중 유해물질의 악화로 매년 700만 명이 대기오염 관련 질병으로 조기 사망하고 있으며, 크기가 매우 작아 폐포 깊숙이 들어가 호흡기, 심장 질환, 뇌졸중, 당뇨병, 신경퇴행성 질환 등 신체 모든 부분에 영향을 미칠 수 있다는 것이 과학적 배경이었다. 특히 미세먼지와 초미세먼지는 아주 낮은 농도에서도 뇌뿐만 아니라 태아에게 영향을 줄 수 있다는 연구 결과가 나왔다. 지금까지 발표된 연구 결과에 따르면, 호흡기를 통해 유입된 유해 입자가 호흡기 손상을 유도할 뿐만 아니라, 장기간 노출 시에는 암, 면역 질환, 대사증후군, 신경계 질환의 발병과 악화에 영향을 미친다고 한다. WHO는 미세먼지를 1군 발암물질로 지정함과 동시에 치매와 같은 만성 질환의 주요 원인 물질로 추정하고 있다.

보건 의료와 과학기술의 발전으로 평균 수명이 늘고 노인 인구 비중이 증가해 고령화 사회로 접어드는 국가들이 증가하면서 대표적인 노인성 질환인 치매를 앓는 환자 수 또한 전 세계적으로 증가하고 있다. 우리나라도 노년 인구의 치매가 사회적 이슈가 될 만큼 흔한 질병으로 부상했다. 미세먼지에 대해 뒤에서 자세히 언급하겠지만, 이 정도의 언급만으로도 우리가 모르는 사이에 환경이 행복한 노년을 위협하고 있다는 것을 짐작할 수 있을 것이다.

환경의 역습, 인류를 위협하다

환경성 질환이 두려운 이유는 우리가 생명을 유지하기 위해 사용하는 모든 것이 건강을 위협할 수 있다는 사실 때문이다. 공기와 물, 음식물과 집, 생활용품 등 우리의 삶에 필수적인 요소들이 환경오염으로부터 결코 자유롭지 못하고 오히려 심각한 수준에 이르기도 한다.

불행히도 최근 이를 입증할 사건들이 우리 주변에서 빈번히 발생했다. 살균 소독제 성분을 함유한 채 가습기 진동으로 실내에 부유된 에어로졸을 흡입하여 폐가 손상되고 죽음에까지 이르렀던 가습기살균제 사건, 건축자재나 벽지 등에서 나오는 유해물질 때문에 생기는 새집증후군, 오염된 식수원 문제로 더는 안심하고 마실 수 없게 된 수돗물 등이 대표적이다.

왜 이런 일이 발생했을까? 이 또한 우리 인간의 탓이다. 인간은 자신의 삶을 위해 새로운 환경요인을 생성하거나 변화시킨다. 이런 행위가 궁극적으로 타인의 삶이나 기존 환경에 영향을 미치는데, 환경요인의 변화와 생성 과정에서 발생하는 유해물질이 바로 환경 유해인자인 것이다.

지금까지 우리의 해결책은 무엇이었을까? 안전하지 않은 환경으로부터 건강한 삶을 유지하기 위한 대책은 무엇인가? 외출할 때는 마스크를 쓰고 가정 내에선 공기청정기를 사용하며, 수돗물 대신 생수를 마시거나 정수기를 설치하는 것으로 당면한 문제를 해결할 수 있을까?

경제발전으로 풍요로운 삶을 견인해줄 것만 같았던 신산업의 성장도 우리를 배신했다. 신산업의 성장으로 새로운 원료물질이 생산되고 새 제품이 마모되면서 환경 내 유해물질이 축적되고, 이들 물질에 우리 인간이 직·간접적으로 노출되기 때문이다. 나노 산업이 그 대표적인 예다.

코로나19 팬데믹 상황도 또 다른 환경문제를 예고하고 있다. 미국 질병관리본부는 감염을 최소화하기 위해 규칙적으로 실내를 환기하고, 미국 환경청에 등록된 화합물을 함유한 살균·세정제를 이용하여 실내 기구나 가구에 존재하는 바이러스를 제거할 것을 권장한다. 우리나라도 다르지 않다. 시선이 닿는 곳 어디에서나 살균·세정제를 볼 수 있을 정도다.

더구나 다양한 변이 바이러스의 발생과 치료제 개발의 지연으로 인해 팬데믹이 장기간 지속될 것으로 전문가들은 추측하고 있다. 살균과 소독제에 대한 노출 빈도와 노출량의 급속한 증가를 막을 수 없는 상황이 된 것이다. 그로 인해 나와 같은 독성학자를 비롯한 관련 분야의 연구자들은 제2의 가습기살균제 사건이 벌어지지 않을까 우려하고 있다.

경각심이 필요한 환경문제는 이뿐만이 아니다. 식탁에 오르는 식자재 또한 안전하지 못하다. 우리는 이미 미세플라스틱으로 몸살을 앓는 바다에서 오염된 생선을 먹고 있다. 세탁기에 넣은 옷 한 벌이 하천을 따라 바다로 흘려보내는 70만 개 이상의 미세섬유는 또 어떤가.

코로나19 팬데믹 상황도 환경오염을 악화시키는 이유 중 하나다. 마스크와 일회용 장갑은 이제 외출을 위한 필수품이 되었고, 음식점 내에서의 식사는 제한된 반면, 배달시키거나 포장해가는 것을 권장한다. 이 모든 것이 플라스틱 사용량의 증가로 이어졌으며 버려진 마스크와 일회용 포장 용기는 환경오염의 주범으로 등극했다.

테이크아웃 커피에 사용하던 플라스틱 빨대를 종이로 바꾸는 것은 큰 구멍을 잊은 채 눈에 보이는 작은 구멍만 메꾸는 것과 같다. 불행히도 이 모든 플라스틱이 결국 우리의 아이들, 미래 세대의 건강을 해치는 원인이 될 것이다.

우리가 오랫동안 쌓아두었던 숙제를 하듯 차근차근 풀어내야 할 당면과제들이 너무 많다. 차라리 우리 세대에서 끝나는 문제라면 나 몰라라 할 수도 있을지 모르겠다. 그러나 환경오염은 당대에서 끝나지 않고 수백 년 이상 지구와 인류를 괴롭히며 문제를 일으킬 것이다.

아마도 환경오염 문제에 기후가 무슨 상관이냐고 하는 사람도 있을 것이다. 나 또한 나와 내 가족의 건강을 위해 지구를 지켜야 하고, 지구를 지키려면 기후변화를 막아야 한다는 것을 깨닫기까지 아주 오랜 시간이 필요했다. 우리가 사용하고 버린 폐기물과 유해물질이 기후변화를 초래하는 원인이 되고, 변화한 기후는 환경 중에 존재하는 물질들의 이동, 분해, 결합, 광화학 반응에 영향을 줄 수 있다.

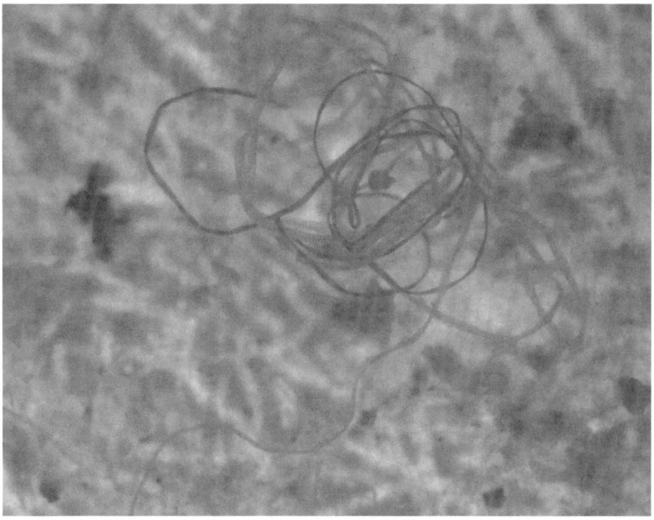

▲ 해양환경에서 확인된 미세플라스틱. 크기가 매우 작아 바다와 강으로 그대로 유입되는데, 물고기들이 먹이로 오인해 섭취하고 이를 결국 인간이 섭취하면서 큰 문제가 되고 있다.

중국에서 버린 과자 한 봉지가 인천 앞바다 해안에서 발견되는 것은 누군가 바다로 던진 유리병 속 편지처럼 낭만적이지 않다. 이것이 우리나라만의 노력이 아니라 전 세계가 함께 지혜를 모아야만 하는 이유다.

결국 이러한 악연을 끊을 수 있는 사람이 바로 우리다. 그 책임이 우리 자신에게 있어서다. 먼 훗날 우리의 다음 세대, 또 그 다음 세대가 고통받을 수도 있다는 것을 깨닫고, 지금이라도 깊이 반성하고 돌아봐야 한다. 당신이 1주일에 신용카드 한 장을 먹고 있다는 것을 알게 된다면, 당신이 아이와 함께 먹는 것이 생선이 아니라 플라스틱이라는 것을 기억한다면, 목표를 세워 삶의 방식을 변화시키는 것은 그리 어려운 일은 아닐 것이다.

다시 기억하자. 지구에서 만들어진 것은 결국 지구인인 우리가 해결해야 한다. 지구를 버리고 떠나기 전까지는.

미세먼지,
얼마나 위험할까?

이제는 먼지가 두려운 세상

"먼지가 되어 날아가야지. 바람에 날려 당신 곁으로."

가수 김광석은 이루어질 수 없는 사랑에 대한 그리움을 이렇게 노래했다. 2005년도에 발표한 곡이니 '먼지'에 대한 부정적인 인식이 그리 크지 않을 때였다. 미세먼지에 대한 인식이 크게 바뀐 것은 2013년이다. 세계보건기구가 1급 발암물질로 지정하면서 단순한 먼지가 아닌 목숨을 앗아갈 수도 있는 물질, 암을 일으키는 매우 위험한 물질이라는 사실을 모두가 알게 된 것이다. 만일 김광석이 이 사실을 알았다면 '먼지가 되어'라는 가사 대신 '나비가 되어'라고 했을지도 모르겠다.

2021년을 살아가는 현재도 '먼지'란 두렵고 무서운 존재다. 굳이 '먼지' 앞에 '미세'를 붙이지 않아도 두렵긴 마찬가지다. 외출 시 도로를 달리다 보면 오늘의 미세먼지 농도를 알리는 전광판을 만나는 것은 일상이고, 날씨 프로그램에서도 빠뜨리지 않고 이를 알려준다. 상황이 이렇다 보니 공기청정기는 이제 필수 가전이 됐다. 대체 미세먼지가 무엇이길래 우리의 건강과 직결되는 존재가 되었을까?

우리가 숨 쉬는 공기 중에는 인간이 호흡하며 생명을 유지할 수 있게 하는 산소부터 식물의 광합성에 필수적인 이산화탄소, 질소 등 다양한 원소 성분이 포함되어 있다. 미세먼지란 대기 중에 떠다니는 지름 2.5㎛ 이상 10㎛ 이하의 입자Particles상 물질이며, 자연적으로 발생하는 것과 인위적 발생원으로 구분된다.

자연적으로 발생하는 경우는 지구의 구성 성분이 풍화와 침식 등 순환 과정을 통해 대기 중에 섞이는 것으로 흙먼지나 식물의 꽃가루 등이 이에 해당한다. 반대로 화석연료를 사용할 때 생기는 매연, 자동차 배기가스와 건설 현장의 먼지, 소각장의 연기, 공장의 제조공정에서 발생하는 먼지 등은 인위적 요인이다. 이외에도 인간이 일상생활에서

▲ 미세먼지가 가득한 서울특별시 송파구의 모습

미세먼지 크기 비교

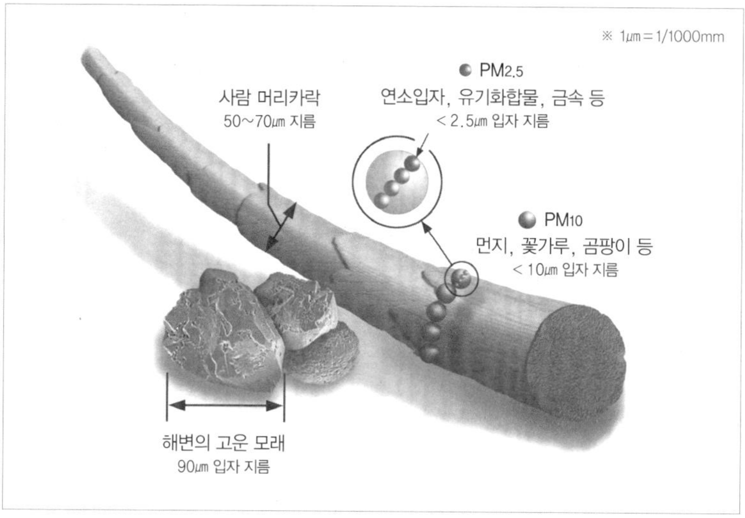

ⓒ 미국 환경보호청(EPA)

사용하는 집기, 도구, 기구, 옷 등이 마모되면서 작은 입자를 생산하기도 한다.

그런데 고체 상태의 미세먼지가 아닌, 가스 상태의 물질은 다른 미세한 입자와 함께 대기 중 수분에 의해 응축되면서 크기가 커질 수 있다. 주변 환경에 따라서도 성분이 결정되는데 공장지대, 자동차가 많은 도심에서 발생하는 미세먼지와 사막이나 산, 바다 등 자연에서 발생하는 미세먼지 성분은 다를 수밖에 없다.

종종 황사와 미세먼지를 같은 것으로 잘못 이해하는 사람도 있다. 황사는 중국 북부 지역이나 몽골의 사막지대에서 거센 바람을 타고 발생하는 모래바람이 기류를 타고 우리나라까지 내려오는 것이다. 사막지대의 토양 성분이 주를 이루기에 그 이름 또한 황사黃沙/黃

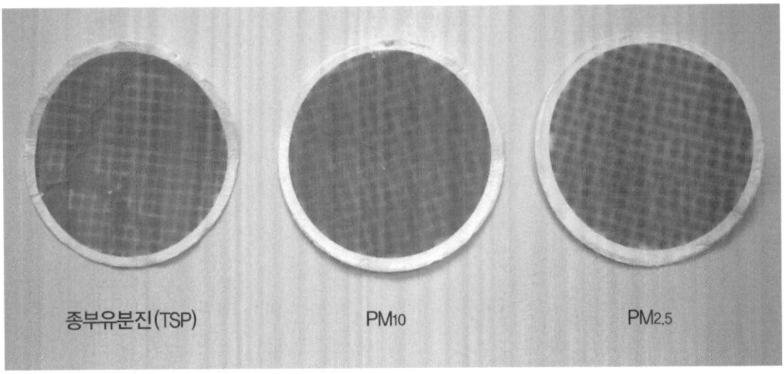

▲ 황사 발생 시의 TSP, PM_{10}, $PM_{2.5}$(2007년 5월 25일)

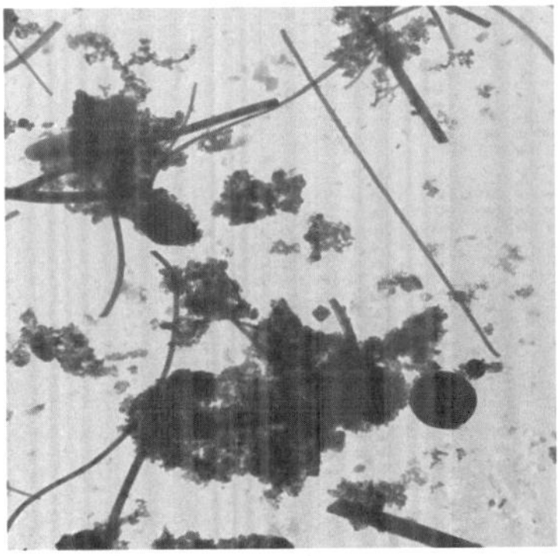

▲ $PM_{2.5}$의 전자현미경 사진

砂, Yellow dust/Yellow sand이며, 인간의 활동을 위해 필요한 연료를 연소함에 따라 발생한 입자가 주를 이루는 미세먼지와는 물리적·화학적 성분이 크게 다르다.

우리가 특별한 관심을 가져야 할 것이 호흡성 먼지로 분류되는 미세먼지(PM_{10})와 초미세먼지($PM_{2.5}$)다. 크기가 작아 폐포 깊숙이 들어와 폐 질환을 일으키는 주요 원인으로 작용하기 때문이다.

미세먼지보다 작은 2.5㎛ 이하의 먼지는 '초미세먼지'라고 부른다. 주로 공장이나 자동차 배출가스, 또는 석탄과 석유 같은 화석연료를 태울 때 발생하며 탄소, 유기탄화수소, 질산염, 황산염, 유해금속 성분 등이 섞여 있다. 미세먼지가 인체에 해로운 이유는 바로 이들 화학 성분이 입자와 결합해 호흡기를 통해 들어가는데, 유입된 입자의 크기가 작을수록 몸속 더 깊은 곳까지 유입될 수 있을 뿐만 아니라, 혈액을 타고 전신으로 이동할 수 있어서다. 매년 수행하는 환경부 주요 연구 사업 중 하나가 발전소 주변 지역 주민의 건강 문제와 공기질인 이유도 이것 때문이다.

더 중요한 문제는 미세먼지와 결합한 화학물질의 다양성이 과학기술의 발전으로 매년 증가하고 있다는 것이다. 미국 CAS Chemical Abstract Service[01]에 등록된 화학물질이 2015년 6월을 기점으로 1억 개를 돌파했고, 하루 평균 15,000개의 신규 물질이 추가되고 있다는 사실은 결국 대기 중으로 유입될 화학물질의 다양성이 증가할 수 있음을 의미한다.

다행히 최근 몇 년 전부터는 세계 각국의 적극적인 노력으로 미세먼지 통계치가 매년 감소하는 추세를 보인다. 우리나라 역시 마찬가지다. 그러나 우리나라의 경우, 기상상황에 따라 갑자기 증가하는 미세먼지 농도로 인해 미세먼지 주의보나 경보가 발령되는 날이 많아 이러한 국제적인 추세를 체감하기 어렵다.

01 화학물질 등록 홈페이지로 1907년에 설립되었다. 전 세계 화학정보센터 역할을 하며, 세계 최대의 화학 정보 데이터베이스를 구축하고 있다.

2014년과 2019년 화학물질 국내 연간 생산량 비교(단위: 톤)

물질 분류		2014년	2019년	증가량
제조 금지 유해물질		-	568	568
허가 대상 유해물질		644,400	472,779	-171,621
관리 대상 유해물질	유기화합물	12,332,071	34,422,608	22,090,537
	금속	2,573,229	2,239,456	-333,773
	산 및 알칼리	11,436,384	18,068,130	6,631,746
	가스상 물질	462,203	3,930,198	3,467,995
작업환경 측정 대상 유해물질	금속가공유	10	2,000	1,990
	분진	-	1,200	1,200
노출 기준 제정물질		206,533,591	17,848,619	-188,684,972
위험물질		4,271,727	589,758,602	585,486,875
기타 물질		-	5,515	5,515

최근에는 '삼한사온三寒四溫'이라는 말이 변형된 '삼한사미三寒四微'라는 말이 생겼다. 3일간 추운 날씨가 지속되다 4일간 미세먼지가 기승을 부린다는 뜻이다. 지구온난화로 북극 한랭기단이 한반도까지 내려오는 강력한 한파가 이어진 후, 중국발 미세먼지가 포함된 온난기단이 밀려와 일상화된 것이 이런 신조어를 낳았다. 그만큼 우리나

라 사람들이 미세먼지를 건강을 해치는 주요 요인으로 인식하고 있다는 증거이기도 하다.

미세먼지가 두려운 이유

그동안 수많은 연구자가 미세먼지의 유해성을 연구했다. 그러나 현재까지도 미세먼지 성분과 독성 기전 및 관련 질병, 건강과 윤택한 삶을 동시에 보증할 수 있는 적정 농도에 대한 의견이 분분하다. 더구나 미세먼지로부터 질병을 예방하기 위한 방법론마저 의견이 다양하여 최적의 예방 가이드라인을 제시하지 못하고 있다는 사실이 매우 우려스럽다.

이는 연구자들이 서로 다른 실험 조건에서 시료를 이용하면서도 사용한 시료의 물리적·화학적·생물학적 특성에 대한 명확한 정보를 제공한 연구 결과가 매우 적기 때문으로 추정된다.

건강에 치명적 문제를 일으키는 것이 분명한데도 연구가 이렇게 미진하니 관련 질환을 정확하게 규정하는 것조차 현재로선 곤란한 실정이다. 예방과 치료 약물을 개발하기 위해서는 미세먼지가 어떤 질환을 일으키는지 객관적이고 정확한 데이터가 필요한데 그렇지 못해서다.

하지만 이러한 한계 속에서도 그 인과관계가 점차 드러나, 미세먼지가 심혈관계와 호흡기에 영향을 주어 심근경색, 고혈압, 부정맥, 만성폐색성 호흡기 질환 등을 일으킬 수 있다는 것이 밝혀졌다. 또한 비만, 당뇨병 등 대사 질환 발생에도 영향을 주는 것으로 알려졌다. 세계보건기구가 관리에 필요한 시간적·경제적 비용이 많이 들어 중점적으로 관리해야 할 4대 만성 질환으로 심혈관 질환, 당뇨병, 만성 호흡기 질환, 암을 지정했다는 점을 고려할 때, 미세먼지가 이들 질환에 모두 관여한다는 결과는 의미하는 바가 매우 크다.

더 놀라운 것은 미세먼지가 치매의 발생에도 영향을 준다는 사실이다. 치매는 우리가 노년을 걱정할 때 가장 우려하는 질병 중 하나다. 환자 자신뿐만 아니라 가족에게 큰 부담을 준다는 점에서 더 큰 불행을 낳기 때문이다. 생전의 모든 기억을 잃고 사랑하는 가족에 대한 기억조차도 지워지는 것만큼 끔찍한 것이 또 있을까.

최근 한 보도자료에 따르면, 극심한 대기오염으로 골머리를 앓고 있는 멕시코에서 65세 이상 노인을 대상으로 연구한 결과, 오염이 덜한 곳에 거주하는 노인들이 간이정신상태검사MMSE[02]에서 높은 점수를 받았다고 한다. 오염도가 높은 환경에서 살아가는 노인일수록 인지기능이 떨어지는 것은 다른 나라의 연구 결과[03]를 통해서도 살펴볼 수 있다. 또한 고농도의 초미세먼지에 노출된 9살 미만 어린이는 그렇지 않은 어린이와 비교해 아이큐가 낮고 주의력 결핍, 과잉행동 장애, 자폐증 등의 발생 빈도가 더 높다는 연구 결과도 있었다.

아직 미세먼지가 두렵지 않은 사람들은 과거에 있었던 대기오염 사건을 상기할 필요가 있다. 1952년 12월 5일부터 3일간 영국 런던

02 치매선별검사 도구.

03 2017년 Lancet에 발표된 캐나다 온타리오주 연구. 간선도로와 가까운 곳에 사는 사람일수록 치매 발생 위험률이 높았다.

에서 일어났던 사건이다. 각 가정, 공장, 발전소 등에서 석탄을 연료로 사용하던 시절이었는데, 이로 인해 대기 중에 배출된 아황산가스와 분진 등이 악명 높은 런던의 짙은 안개와 결합하여 스모그를 형성했다. 그리고 얼마 후, 오염된 스모그에 노출된 런던 사람들 중에서 호흡기 질환과 심장 질환을 호소하는 환자가 급증하며 사망자가 속출했다. 결국 단 4일간의 스모그로 4천여 명의 목숨이 희생되었다. 살아남은 사람들도 만성 기관지염과 천식 등 호흡기 질환에 시달려야 했다.

2019년, 유엔 인권·환경 특별조사관 데이비드 보이드는 전 세계 700만 명이 대기오염 관련 질병으로 매년 조기 사망하고 있다고 유엔인권이사회에 보고했다. 그가 말한 700만 명에는 어린이도 60만 명이나 포함되어 있었다. 또한 인터뷰를 통해 "이 수치는 매년 전쟁이나 살인·결핵·에이즈·말라리아 등으로 숨지는 사람을 더한 숫자보다 더 많은 수치이다. 대기오염이 생명권·건강권·아동의 권리와 건강하고 지속 가능한 환경에서 살 권리조차 침범하고 있다."라는 말도 덧붙였다.

이 같은 보고는 치매가 노인성 질환이라며 아직 환경을 개선할 시간이 충분하다고 믿는 사람들에게 당장 실효성 있는 대책이 필요하다는 경각심을 갖게 한다. 정부와 국민이 노력을 기울인다면 얼마든지 대기오염 문제를 해결할 수 있다. 그러기 위해서는 환경문제에 대한 우리의 인식을 고쳐해야 하고, 국가의 실효성 있는 대책과 빠른 대응이 필요하다.

우리는 어떤 노력을 하고 있을까?

2021년 9월 22일, WHO는 '대기질 가이드라인Air Quality Guideline'을 강화하는 기준을 발표했다. 2013년 미세먼지가 1급 발암물질로 분류된 결과를 반영한 것으로, 대기오염이 일으키는 건강 문제가 건강하지 않은 식단이나 흡연과 유사하다고 했다.

이렇게 미세먼지에 대한 정책이 강화되고 있는 현재, 유감스럽게도 우리나라의 미세먼지 농도 수준은 OECD 국가 중에서 가장 높다. 2019년 기준 미세먼지 농도가 '27.4마이크로그램(㎍)/m³'이었는데, 이는 OECD 평균(13.9㎍/m³)보다 두 배나 높은 수치다.

2019년 OECD 국가별 미세먼지 농도(단위: ㎍/㎥)

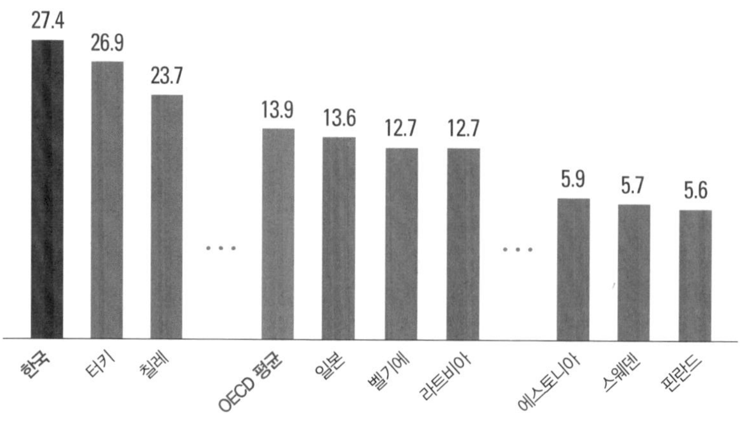

▲ 국가별 미세먼지 농도는 위성관측 자료와 화학소송 모형(chemical transport model)을 이용한 추정치임. © OECDiLibrary. 한국석유공사 블로그(https://blog.naver.com/knoc3/221474540450) 재인용

ⓒ 제2차 미세먼지 계절관리제 시행 보도자료(https://www.suwon.go.kr)

초미세먼지로도 세계에서 가장 심각한 대기오염 상태임이 밝혀졌다. 스위스의 대기질 솔루션 전문기업 아이큐에어[04]가 작성한 "2019년 세계 공기질 보고서"에 따르면, 전 세계 98개국 중에서 한

04 IQAIR: 1963년에 스위스에 설립된 세계 최초의 가정용 공기청정기 브랜드.

국의 연 평균 초미세먼지 농도가 24.8㎍/m³로 OECD 회원국 36개국 중 가장 나쁜 것으로 나타났다.

그런데 미세먼지는 어느 한 국가만의 노력으로 개선될 수 없다는 것이 문제다. 하늘엔 물리적 국경이 없고, 설령 있다고 해도 공기의 흐름을 타고 오는 미세먼지를 막을 방법이 없어서다. 그렇기에 이웃 국가들과의 상호 협력과 공동 대응이 반드시 필요하다.

우리나라는 동북아 대기질 개선을 위해 각 국가 간 협력의 필요성을 깨닫고 1995년 서울에서 워크숍을 개최했으며, 2000년부터는 환경부 소속 국립환경과학원을 중심으로 중국, 일본과 함께 대기오염물질 배출 저감을 도모하기 위한 공동연구[05]를 수행했다.

2013년부터 2017년까지 5년간 각 국가에서 초미세먼지(PM2.5) 농도를 측정하고 그 성분을 분석한 자료에 따르면, 각 나라별 관측지점[06]에서 황산화물(SO_2), 질소산화물(NO_2), 미세먼지(PM_{10}), 초미세먼지($PM_{2.5}$) 농도는 감소 추세를 나타냈다. 또한 우리나라 초미세먼지는 32%가 중국에서 날아왔고, 51%가 국내에서 발생한 것으로 분석됐다. 전 세계적인 미세먼지 배출원을 줄이기 위해서는 외교 정책을 통해 국가 간의 이해관계를 조율하고 국제협약을 체결해야 하기에 상당한 시간이 소요될 것으로 보인다.

05 LTP(Joint research project for Long-range Transboundary Air Pollutans in Northeast Asia): 동북아 장거리 이동 대기오염물질 조사와 대책 마련을 위한 한 · 중 · 일 3국 간 국제 공동연구.

06 한국(백령, 강화, 태안, 고산), 중국(다롄, 옌타이, 샤먼), 일본(리시리, 오키).

정부의 미세먼지 대책

[단기대책] 2017년 9월~2018년 상반기	① 고농도 미세먼지 발생에 대응한 응급 감축조치를 우선 실시 –봄철 노후 석탄화력발전소 일시 가동 중단 –공사장/불법 소각 등 일상생활 주변 배출원 집중 점검 –미세먼지가 심각한 상황이면 비상저감조치 시행 등 ② 민감계층 건강 보호 최우선 대책 시행 –선진국 수준의 미세먼지 환경 기준 강화(50→35㎍/㎥) –어린이 통학 차량의 교체(친환경차) –학교 내 실내 체육시설 확충, 공기정화장치 설치 지원 등
[중장기대책] 2018년 하반기~2022년	① 사회 전 분야 획기적 감축 실시 –(발전) 공정률 낮은 석탄발전소 4기의 액화천연가스(LNG) 등 연료전환 추진 협의(나머지 5기는 최고 수준 배출기준 적용), 노후석탄발전소(30년 이상, 7기) 임기 내 폐지 –(산업) 대기배출총량제 수도권 외 전국 확대, 제철 · 석유 등 다량 배출 사업장의 배출 허용기준 대폭 강화, 먼지총량제 신규 도입 –(수송) 노후 경유차(2005년 이전, 286만 대) 임기 내 77% 조기 폐차, 운행제한 지역 수도권 외 전국 확대, 친환경차 보급 확대(2022년 2,000만 대(전기차 35만 대)), 노후건설기계 및 선박의 저공해조치 강화 –(생활) 도로청소 차량 2배 확충, 건설공사장 · 농촌 불법소각 집중점검 ② 국제협력 강화로 국외 영향에 대한 실효적 저감방안 마련 –국내 영향이 큰 중국 지역(베이징 · 톈진 등) 대기질 공동조사 · 연구 확대 –미세먼지 이슈 한 · 중 정상회의 의제로 격상, 저감방안 · 협력방안 구체화 ③ 민감계층 대상으로 한층 강화된 국민 보호 서비스 제공 –'미세먼지 프리존' 지정: 노후경유차 출입제한, 사업장 조업단축 등 특별 관리 –고농도 발생 시 비상저감조치의 확대 시행(수도권 외 및 민간 부문)
[비상 · 상시 미세먼지 관리 강화대책] 2018년 1월	[고농도 미세먼지 비상저감 조치] ① 민간 의무참여 확대(2019. 2. 15~) ② 배출가스 등급 운행제한 강화, 석탄발전 상한제약 ③ 비상저감조치 발령요건 강화 및 공공기관 예비저감조치 신설 [상시 미세먼지 추가 저감] ① 공공 친환경차 의무구매 100% 및 노후경유차 운행제한 수도권 외 확대 시행 ② 선박유에 함유된 황 성분의 해역별 기준 강화, 소규모 사업장 방지시설 개선 지원 ③ 민 · 관 합동 미세먼지특별위원회와 범부처 미세먼지 개선기획단 설치 ④ 동북아청정대기파트너십 다자간 협력 강화(2018. 11~)

ⓒ 대한민국 정책브리핑

그러나 국내에서는 더 적극적인 노력을 기울일 수 있다. 현재 우리 정부는 미세먼지 관리 종합대책을 세워 2022년까지 국내 배출량

30% 감축을 위해 노력 중이다. 아울러 2019년 2월에 열린 '한·중 환경장관 회담'에서 장거리 이동 대기오염물질에 관한 공동 연구, 조기 경보체계 구축, 청천晴天 프로젝트 심화·발전, 고위급 정책협의체 구성 등 대기오염 저감을 위한 협력사업을 추진하기로 합의했다.

물론 개인의 노력도 필요하다. 국가가 정책적으로 미세먼지 절감을 위한 노력을 지속하더라도 각 개인이 미세먼지에 관심을 갖고 행동하지 않으면 그 효과를 기대할 수 없다. 따라서 가까운 거리는 걸어서 이동하고, 폐기물 배출량을 줄이거나, 실내 적정 온도를 유지하는 등 각 개인이 할 수 있는 노력이 뒷받침되어야 한다.

한 계절을 지내고 한 해를 살아내면서, 푸른 하늘을 볼 수 있었던 날을 손꼽아 헤아리는 삶을 살게 될 것으로 예상한 사람이 얼마나 될까. 당연하게만 보였던 푸른 하늘이 뉴스가 되는 세상에 산다고 생각하니 숨 쉴 자유와 권리마저 빼앗긴 신세가 된 것처럼 암담해진다.

"엄마가 해야 할 것 같아. 엄마만 믿어요."

웃는 얼굴로 농담처럼 건네던 아들의 한마디에 고개를 끄덕였지만, 어깨가 무거워지는 것은 어쩔 수 없다. 아이들에게 물려주는 통장과 아파트만이 유산은 아니다. 진정한 유산은 마음껏 숨 쉴 수 있는 자유, 푸른 하늘을 매일 볼 수 있는 자유라고 생각한다. 환경문제를 다룰 때, 늘 후대에 물려줄 유산이라는 말을 하지 않나. 나 또한 연구자로서 내가 할 수 있는 최선을 다해 미세먼지 문제를 해결해야 할 책임감과 사명감을 느낀다.

미세플라스틱,
우리의 식탁을 위협하다

오늘, 신용카드 얼마나 드셨습니까?

2021년 6월, 호주 과학콘텐츠 제작팀 '원 민 마이크로One Min Micro'가 틱톡 계정에 올린 영상으로 인해 세상이 발칵 뒤집혔다. 냉동 생선 살을 손가락처럼 길게 잘라 튀긴 음식인 '피시핑거Fish finger'를 현미경으로 관찰했더니, 실처럼 가느다란 미세플라스틱이 박혀 있었다.

충격에 휩싸인 사람들은 눈에 보이지 않으니 모르고 먹을 수는 있어도, 직접 목격한 후에는 그럴 수 없다는 분위기였다. 그러나 이것은 그리 놀랄 일이 아니다. 미국 국립심장폐연구소가 50여 년 전인 1972년에 이미 평범한 미국인 100명 중 86명의 혈액에서 플라스틱 첨가제인 프탈레이트가 발견되었다고 보도했기 때문이었다.

불행히 최근 발표된 연구결과는 엄마 뱃속의 태아도 미세플라스틱의 위험으로부터 안전할 수 없다는 것을 입증했다. 미국 뉴욕대학

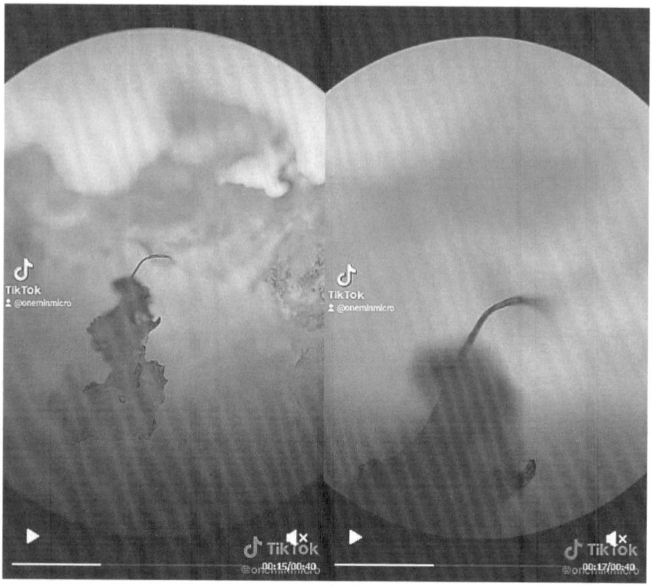

ⓒ '원 민 마이크로'가 틱톡 계정에 올린 영상 캡처(https://www.tiktok.com/@oneminmicro)

교 의대 소아과와 환경의학과, 중국 난카이대학교 환경과학부가 수행한 공동연구에서 갓 태어난 영아의 첫 대변인 '태변'에서 미세플라스틱이 발견된 것이다. 아직 세상 밖으로 나오지 않은 아기가 어떻게 미세플라스틱을 섭취할 수 있었을까?

"환경오염은 어머니 자궁 속에서 시작된다."

미나마타병의 아버지 하라다 마사즈미 박사의 일갈에 답이 있다. 미세플라스틱이 엄마와 연결된 탯줄을 통해 뱃속의 태아에게 이동한 것이 분명했다. 연구팀은 우리가 가장 많이 쓰는 플라스틱이자 젖병, 장난감 등 영유아 제품에도 빈번히 사용되는 PET polyethylene terephthalate와 폴리카보네이트PC, polycarbonate를 연구 대상으로 하였다.

특히 PET는 다공성 구조로 되어 있어 고강도 세척제를 이용해 세척하는 과정에서 발암성 성분이 용출될 수 있고, 가열했을 때 안티몬과 같은 독성 화학물질이 검출될 수 있다. 영유아 제품 대부분이 플라스틱으로 만들어진다는 점을 고려할 때, 영유아 제품의 제조와 관리에 대한 더 각별한 주의가 필요할 것으로 보인다.

그렇다면 플라스틱 없는 세상을 상상이나 할 수 있을까? 이미 플라스틱은 우리의 삶 깊숙한 곳까지 파고들었다. 주변으로 눈을 돌리면 플라스틱이 아닌 것을 찾는 게 더 힘들 정도라 '플라스틱 중독'이라는 말이 과언이 아니다. 더욱이 코로나19 팬데믹으로 배달 음식이 일상화되었다. 일회용 플라스틱 용기가 우리 환경에 큰 부담이 되고 있지만, 감염의 위험보다 이 문제를 먼저 고려하는 것에는 한계가 있

전 세계 1인당 일회용 플라스틱 폐기물 배출량(단위: kg)

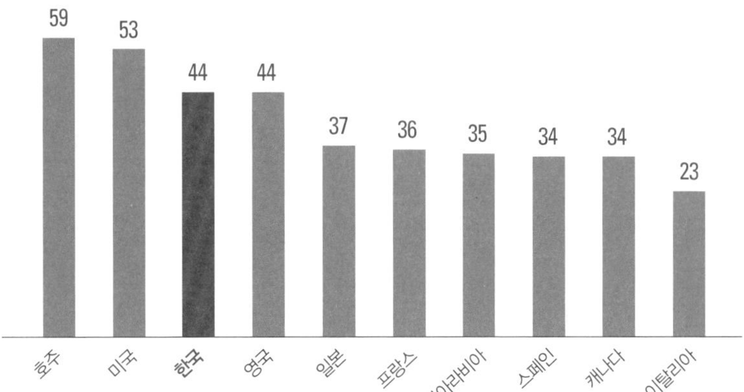

ⓒ 영국 월간지 〈가디언〉

다. 한 끼 식사를 기대했을 뿐인데, 사실은 플라스틱 그릇마저 먹고 있는 이 현실을 어떻게 이해해야 할까?

당구공이 될 뻔한 플라스틱의 끝없는 진화

플라스틱 개발은 천연 플라스틱 재료gums, shellac의 이용, 이들 재료의 화학적 변형(천연고무, 셀룰로오스, 콜라겐, 우유 단백질), 그리고 최종적으로는 완전한 합성 플라스틱을 생산(bakelite, 에폭시, PVC)하는 과정을 통해 진행되었다.

그러나 엉뚱하게도, 플라스틱의 시작은 당구장이었다. 당구의 기원은 정확히 알려지지 않았으나, 14세기경부터 다양한 방식으로 유럽에서 홍행했으며, 19세기 중반 미국 상류사회에서도 크게 유행했다. 이 시기에는 당구공을 상아로 만들었는데, 상아는 담배 파이프, 피아노 건반, 머리빗 등 유럽 귀족들의 사랑을 한 몸에 받던 재료였다. 그러다 보니 어느 순간 코끼리 수가 급격히 감소했고, 당구공을 만들 상아를 구하기가 매우 힘들어졌다. 급기야 미국 최초의 당구 스타이자 당구장 소유주였던 마이클 펠런Michael Phelan은 상아를 대신해 당구공 제조에 쓸 재료를 개발하는 사람에게 상금 일만 달러를 내걸었다.

미국의 인쇄공인 하이엇John Wesley Hyatt, 1837~1920[07]은 손재주가 좋

07 발명가로 정수기, 볼 베어링을 발명했다. 1869년에 니트로셀룰로오스와 장뇌를 섞은 플라스틱을 발견해 '셀룰로이드(celluloid)'라 명명했다.

은 인쇄공이었다. 펠런이 내건 현상금 공고문을 본 하이엇은 그의 동생Isaiah과 함께 다양한 재료를 활용해 당구공 제조에 도전했다. 그러던 중, 니트로셀룰로오스nitrocellulose가 경화된 물질인 '파크신Parkesin'을 가지고 실험했고, 상업적으로 활용 가능한 견고하고 안정적인 니트로셀룰로오스 생산 기술을 개발해 1869년 미국에서 '셀룰로이드(미국 특허 50359)'로 특허를 받았다.

하이엇이 활용한 '파크신'은 영국인인 알렉산더 파크스Alexander Parkes, 1813~1890[08]가 1862년에 발명한 물질로 최초의 인공 플라스틱으

▲ 일회용품이 분해되는 데 걸리는 시간 ⓒ 환경부

08 화학자이자 발명가, 플라스틱 공업의 선구자로 알려졌다. 납에서 은을 추출하는 방법을 발견했다.

플라스틱의 크기별 분류

메가플라스틱	1m 이상(그물, 밧줄 등)
매크로플라스틱	2.5cm~1m(비닐봉지, 부표, 풍선 등)
메소플라스틱	5mm~2.5m(병뚜껑 등)
마이크로플라스틱 (미세플라스틱)	5mm 미만
나노플라스틱 (초미세플라스틱)	1nm(나노미터) 이상 100nm 미만

크기에 따른 미세 · 초미세플라스틱의 체내 흡수 및 이동

>150㎛	흡수되지 않음
<150㎛	림프에서 0.3% 이하로 흡수
=110㎛	간문맥(간과 장에 퍼져 있는 정맥) 접근 가능
≤20㎛	장기에 들어갈 수 있음
≤100nm	7%까지 흡수, 모든 장기에 접근 가능, 혈액 뇌장벽과 태반장벽으로 이동 가능

© 유엔 해양환경전문가그룹(GESAMP), 유엔 식량농업기구(FAO), 한국생명공학연구원

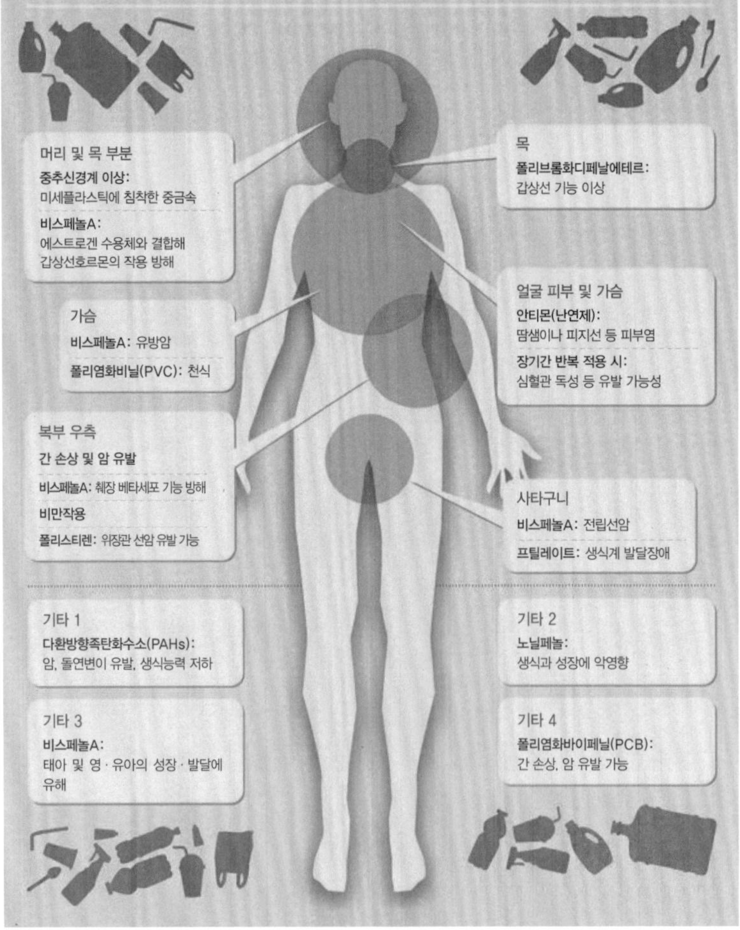

▲ 플라스틱의 유해성 © 유엔 해양환경전문가그룹(GESAMP), 한국소비자원

로 인정받고 있으나, 상업적·산업적으로 활용되는 데는 실패했던 물질이었다. 그보다 앞서 개발된 액체 니트로셀룰로오스는 1851년에 또 다른 영국 발명가인 프레드릭 스코트 아처Frederick Scott Archer, 1813~1857가 포토그래픽과 프린터의 속건성 필름으로 활용하고 있었다.

영어 플라스틱Plastic의 원래 뜻은 '모양을 마음대로 만들 수 있는', 즉 가소성을 지닌다는 의미이다. 비록 하이엇 형제가 파크신을 이용해 당구공을 만드는 데는 성공했지만, 파크신의 성분인 니트로셀룰로오스는 건조한 상태에서 정전기가 발생하면 폭발하는 성질로 인해 큰 인기를 끌지 못했다. 그러나 플라스틱 개발은 계속되었고, 시간이 흘러 전기 공업이 한창이던 1900년대 초, 미국 화학자 리오 베이클랜드Leo Hendrik Baekeland, 1863~1944[09]가 전기가 통하지 않는 물질을 연구하던 중 페놀과 포르말린을 이용하여 '베이클라이트bakelite'를 합성하는 데 성공했다. 오늘날 일반적으로 알려진 합성수지 플라스틱의 시초였다. 전기가 통하지 않고, 내열성이 뛰어나며, 산성에 강한 이 물질은 열을 가해 성형한 뒤 단단해진 상태에서 다시 열을 가해도 물러지지 않았다. 게다가 원하는 모양대로 마음껏 만들 수 있었고, 값이 매우 저렴했다. 베이클라이트는 이 모든 장점을 안고 전자제품에까지 사용되기 시작했다.

이후 독일의 유기 화학자 헤르만 슈타우딩거Hermann Staudinger, 1881~1965는 고무, 플라스틱 등 고분자로 특징지어지는 거대분자의 존

09 화학자. 플라스틱 공업의 시조로 1916년 퍼킨상(賞)을 수상했다. 인공조명에서 현상되는 인화지 벨록스를 개발했으며 최초의 합성수지를 개발했다.

재를 입증한 공로로 1953년 노벨화학상을 받았다.

현재도 플라스틱은 끝없는 진화 중이다. 흔하디흔한 비닐봉지부터 생수병, 콜라병, 전선 피복 재료, 스타킹, 어망, 그물, 합성섬유로 만든 옷과 낙하산, 텐트, 밧줄 등 대체 쓰이지 않는 곳이 어딜까 싶을 정도다.

20세기 후반에는 전기가 통하지 않는 플라스틱에 전기가 통하도록 만들었다.[10] 지금 독자들이 보고 있는 전기발광소자(OLED 디스플레이)가 사용된 스마트폰과 TV가 바로 전도성 플라스틱으로 만든 것이다. 이제 막 출시된 폴더형 스마트폰의 디스플레이와 돌돌 말리는 디스플레이도 마찬가지다.

약 46억 년 전 지구가 탄생한 이래 생명체가 생긴 것이 36억 년 전이다. 그 긴 세월 동안 생명체는 끊임없이 진화하여 오늘날에 이르렀다. 그러나 생명체도 아닌 플라스틱은 셀룰로이드가 발견된 1863년 이후, 반세기도 채 되지 않아 지구를 점령하며 끊임없이 진화에 진화를 거듭하고 있다. 심지어 현재 의학계에서 인공장기로까지 변신을 앞두고 있으니 그 끝이 과연 어디인지 아직 예상조차 하기 힘들다.

플라스틱은 우리의 삶 어느 부분까지 차지하게 될까? 플라스틱 없는 삶을 인류가 살아낼 수 있기는 할까? 설령 가능하다고 해도 천연물질로 대체해야 하는데, 요구되는 수요보다 공급이 한정되어 있으니 쉬운 일이 아니다. 게다가 값이 비싸다. 합성섬유 대신 천연양모로 만든 코트만 입고 살기에는 인간의 삶이 그렇게 여유롭지 못하고, 관리를

10 일본 히데키 시라카와(Hideki Shirakawa)와 앨런 맥더미드(Alan G. MacDiarmid), 앨런 히거(Alan J. Heeger)가 공동으로 전기가 통하는 플라스틱을 개발해 2000년 노벨화학상을 수상했다.

위해 사용해야 하는 유기용매로 인한 환경부담 또한 무시할 수 없다.

그렇다고 신소재를 개발하여 환경오염과 무관한 물질을 만드는 것도 쉬운 일이 아니다. 거의 모든 분야에 사용되고 있는 플라스틱을 순식간에 대체할 수 있을 만큼 빠르게 진행하기 어렵기 때문이다. 이제 우리가 무엇을 할 수 있을지 진지하게 고민하며 실천해야 할 때가 온 것이다.

당신이 몰랐던 미세섬유 이야기

미세플라스틱은 100nm 이상 5mm 미만의 플라스틱 조각으로 머리카락 500분의 1 크기다. 우리 일상에서 의식주를 막론하고 모든 곳에 플라스틱이 존재한다. '미세플라스틱'이라는 말이 등장한 것은 불과 17년 전인 2004년이었으며, 관련 연구가 시작된 것이 겨우 2010년대였다. 플라스틱으로 인한 환경오염이 심각해졌다는 방증이다. 급기야 2014년에는 유엔환경계획UNEP이 전 세계 10대 환경문제 중 하나로 미세플라스틱 오염을 지목하기도 했다.

미세플라스틱이 환경을 오염시키는 것에 관해 이야기할 때 대부분 해양오염을 가장 먼저 예로 든다. 그만큼 심각한 수준이기 때문이기도 하지만, 그 어느 곳도 안전하지 않기 때문이기도 하다. 미세플라스틱은 하늘에서 내리는 비와 눈에도 섞여 있고, 우리가 마시는 모든 종류의 물에서도 발견된다. 다만, 눈에 보이지 않아 그 심각성을 사람이 가늠하지 못할 뿐이다.

이미 국내 한강, 금강, 낙동강의 물과 어류에서 미세플라스틱이 발견된 바 있고, 각 가정으로 흘러가는 수돗물을 공급하는 24개 정수장 중 세 곳에서 검출되기도 했다.[11] 목포대학교 연구진은 국내외 천일염 6종[12]에서, 몇몇 다른 국제 공동연구 그룹은 굴과 홍합 등에서 미세플라스틱을 검출했다고 발표하기도 했다.

우리의 강과 바다를 이렇게 심각하게 오염시키고 있는 미세플라스틱은 어디서부터 흘러온 것일까? 사실 자연 상태에서 발견되는 미세플라스틱들은 대부분 플라스틱 제품이나 그 파편이 마모되어 발생한 것들이다. 이들 중 가장 큰 비중을 차지하는 것이 바로 '미세섬유'다.

미세섬유? 섬유가 플라스틱이라고? 언뜻 이렇게 반문할 수도 있다. 그렇지만 명백한 사실이다. 앞서 플라스틱의 용도를 설명할 때 '합성섬유'를 예로 들었다. 요즘의 우리 옷은 합성섬유로 만들어진 제품이 대부분이고, 세탁기에 넣어 세탁하는 과정에서 옷 한 벌에 약 1,900개 이상의 미세섬유가 쏟아져 나온다. 더 큰 문제는 세탁기가 이를 충분히 걸러내지 못한다는 것이다. 세탁량과 세탁기의 크기와 비교해 여과 필터의 용량이 너무 적어서다. 세탁기의 이런 문제점을 간파한 프랑스는 2025년부터 판매되는 모든 세탁기에 미세플라스틱 필터를 의무화하는 법안을 2020년에 마련했다. 국내 글로벌 가전업체들이 프랑스에 세탁기를 판매하려면 이런 조건을 갖춰야 할 텐데, 부디 수출만 하지 말고 국내에서도 판매했으면 하는 바람이다.

11 부경대 연구진이 2019년에 국립환경과학원에 제출한 보고서 내용.

12 2017년 3월부터 2018년 1월까지 10개월 동안 시판된 천일염 분석.

▲ 노섬브리아대학교 연구팀이 세탁 시 미세섬유 배출을 줄이는 법을 설명했다.
© Northumbria University, northumbria.ac.uk/microfibreloss

그런데 대체 얼마나 많은 미세섬유가 세탁기에서 흘러나와 바다로 가고 있는 것일까? 영국 노섬브리아대학교Northumbria University 연구진이 기업과 협력하여 수행한 연구내용을 2020년 6월 과학 저널 〈PLUS ONE〉에 발표했다. 이에 따르면 매일 쓰레기 트럭 2대 분량에 해당하는 13,000톤의 미세섬유가 유럽 지역 바다에 버려지고 있다고 한다.

이들은 또한 미세섬유가 바다로 흘러가는 것을 줄일 수 있는 해결책도 제시했다. 세탁물과 물의 비율을 낮출 것, 세탁기의 용량보다 적게 세탁물을 채울 것(4분의 3이 적당) 등이다. 아울러 40℃의 물에서 85분간 세탁하는 것보다 15°C의 물에서 30분 세탁할 때 미세섬유의 양이 30% 줄어들었다고 한다.

옷을 세탁할 때 나오는 미세섬유도 문제지만 내가 우려하는 것이 한 가지 더 있다. 이미 걸레와 물수건을 대체해버린 물티슈다. 물티슈는 미세섬유라는 이슈 외에도 살균, 소독제 함유 등 다양한 문제가 있다.

먼저 'tissue'라는 단어를 사전에서 검색해보자. 우리가 늘 사용하는 포털 어학사전을 검색하면 'tis·sue: 1. (세포들로 이뤄진) 조직 2. 화장지 3. 박엽지, (깨지기 쉬운 물건 포장용) 얇은 종이'[13]라고 설명되어 있다. 종이가 아닌데도 '티슈'라는 이름을 사용하니 소비자들이 오해할 소지가 충분하다.

급기야 뉴스에도 등장했다.[14] 기자가 취재 중에 물티슈가 플라스틱이라는 사실을 알고 있는지 소비자들에게 물었을 때 모두 놀라며 "아니오."라고 대답했다. 또한 소비자시민모임이 2021년 6월 실시한 설문조사에서 응답자의 65.1%는 물티슈가 플라스틱 재질인 것을 모르고 있었다고 밝혔다.

물티슈는 이미 일상에서 빠지지 않는 생활용품이 됐다. 걸레를 대신한 청소용품, 더러워진 손을 닦는 청결용품, 식당에서 손님들에게 주는 서비스 용품, 여성들의 핸드백 속에 손수건 대신 자리한 에

13 네이버 어학사전 참조.

14 2021년 9월 20일 자 KBS 뉴스.

티켓 용품이다. 하지만 공중화장실 어디에나 붙어 있는 '물티슈를 변기 안에 버리지 마세요.'라는 문구를 누구나 한 번쯤 보았을 것이다. 녹지 않는 물티슈를 변기에 넣으면 막히기 때문에 주의하라는 안내 문구다. 종이라면 녹았을 텐데, 이 안내 문구만으로 성분을 의심한 소비자는 별로 없어 보인다.

물티슈는 재활용할 수 없고 쓰레기로 버려지면 분해되는 시간은 수백 년이다. 그러면 태워 없애는 것은 가능할까? 위험천만하게도 물티슈를 소각하면 다이옥신이 배출된다. 다이옥신은 발암물질이고, 내분비계 장애물질인 환경호르몬이다. 바다로 흘러가는 물티슈는 미세플라스틱이 되고, 이 미세플라스틱을 먹은 물고기는 우리 식탁 위에 놓인다. 한번 상상을 해보자. 우리가 먹는 음식이 신용카드이고, 볼펜이고, 물티슈라면? 식탁 위에 놓인 음식이 맛있게만 보이기는 어려울 것 같다.

미세플라스틱이 인체에 끼치는 영향

2020년 8월 미국 화학학회American Chemical Society 학술회의에 참가한 애리조나 주립대학교 환경보건공학 바이오디자인센터 롤프 홀든Rolf Holden 박사 연구팀은 기증받은 시신의 조직 샘플을 채취하여 검사한 뒤 놀라운 사실을 발표했다. 시신의 모든 기관에서 미세플라스틱을 발견했기 때문이다. 그는 초미세플라스틱이 혈액 속에 존재하는 상태로 혈관을 따라 흐르다가 폐, 신장, 간과 같은 중요한 기관에 정체되면 석면처럼 발암성 물질이 될 수 있다고 경고했다.

늦었지만 미세플라스틱과 관련된 연구 결과가 이처럼 속속 등장하고 있다. 그런데 잘 살펴보면, 아직 미세플라스틱이 인체에 어떤 독성으로 어떤 영향을 끼치는지 명확하게 판명되지 않았다. 플라스틱이 우리의 삶에서 빼놓을 수 없을 만큼 존재감이 커졌지만, 안타깝게도 건강과 관련된 연구가 충분하지 않았기 때문이다.

현재 발표되는 논문들은 해양 생물 어느 종에서 미세플라스틱이 발견되었다거나, 강과 바다 어느 곳이 얼마나 오염되었는지 정도로, 건강에 어떤 악영향을 줄 수 있는지에 대한 추측이 대부분이다.

다만, 미세플라스틱의 특성을 통해 추측해볼 수 있다. 가장 먼저 우려되는 것은 '트로이 목마Trojan horse 효과'다. 그리스군이 목마에 숨어 트로이에 침투해 승리했던 것처럼, 미세플라스틱이 온갖 세균과 병원체를 우리 몸에 실어나르는 것을 말한다. 이것은 미세플라스틱이 가진 특성과 관련이 있다. 본래 플라스틱은 흡착성이 뛰어나다. 생수를 마실 때 생수통 입구에 입을 대고 마시지 말고, 입을 대고 마신 생수통을 차 안에 두었다면 다시 마시지 말라는 말을 흔히 들어보았을 것이다. 입안에 있던 미생물이 생수통 입구에 흡착해 증식할 수 있기 때문이다. 미세플라스틱이 인체에 어떤 질병을 초래하는지 확실하게 알려지지 않았지만, 최근의 연구 발표들은 염증, 불임, 암과 연관이 있다고 주장하고 있다.

내게는 이와 관련한 아주 놀라운 경험이 있다. 새로 산 김치의 비닐 포장지를 자르다 가위를 손에 든 채 머리끝이 쭈뼛 서며 굳어졌는데, 포장용 비닐봉투에서 나온 아주 작은 입자들이 가위 끝에 붙어 있었다. 설마, 이전에는 이걸 미처 발견하지 못해서 가족들이 먹게 되진 않았을까? 먹었다면 얼마나 먹었을까? 그렇다면 내 가족의 몸속에서 어떤 일이 벌어지고 있을까? 소스라치게 놀란 나의 머릿속으로 온갖 걱정스러운 질문들이 파고들었다.

정신을 차리고 하나씩 뒤져보기 시작했다. 비닐봉투 성분은 폴리에틸렌이었다. 즉시 시약회사에서 폴리에틸렌 파우더를 구입하고, 암컷과 수컷 쥐에게 90일 동안 먹였다. 그리고 이 쥐들이 낳은 새끼 쥐들의 발달과정을 조사했다. 그러자 90일 동안 폴리에틸렌 입자를 먹은 암컷과 수컷 쥐의 혈액 내 호중구 비율이 대조군에 비해 뚜렷하게 증가했고, 수유기까지 폴리에틸렌 입자를 먹은 어미 쥐의 위와 비장에서 폴리에틸렌과 유사한 형태의 입자가 발견되었다. 더 놀라운 것은 그래뉼granule을 분비하는 비만세포들이 위벽 세포의 막 주위로

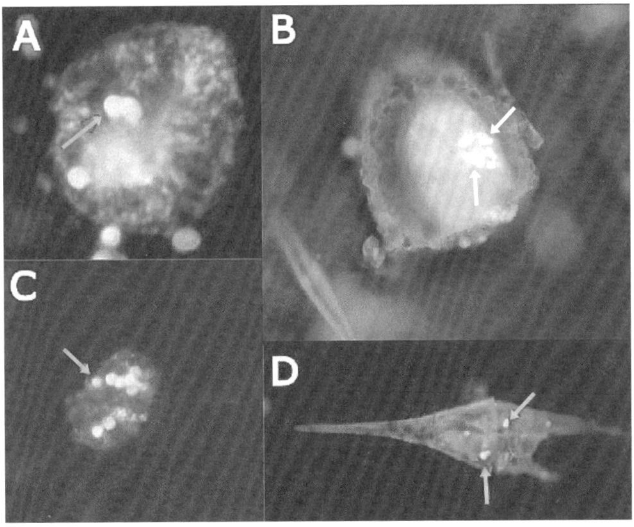

▲ 미세플라스틱을 섭취하고 있는 섬모충(A)과 와편모조류(B~D) ⓒ 2021 해양과학 프런티어(Frontiers in Marine Science), 미국 로드아일랜드 대학 연구팀 논문

이동했으며, 혈액 내 A형 면역글로불린의 수준이 대조군에 비해 증가했다는 사실이다. 나는 미세플라스틱이 위 벽에 붙지 못하도록 우리 몸이 행하는 방어기능 중 하나인 것으로 해석했다. 이후, 이 쥐들이 낳은 새끼 쥐들의 발달과정을 조사했다. 놀랍게도, 투여한 미세플라스틱 농도가 높을수록 새끼 쥐들은 비정상적인 속도로 성장하거나 아예 성장하지 못하는 경우가 많아졌다.

2020년 허트Hirt와 바디 말라펠Body-Malapel은 〈파티클 앤 파이버 톡시콜로지Particle and Fiber Toxicology〉에 발표한 리뷰 논문[15]에서 아직 인간과 직접적으로 관련된 보고서가 충분하지는 않지만, 나노 및 마이크로 사이즈의 플라스틱 섭취가 장내 미생물군과 장 기능을 방해한다는 증거는 계속해서 증가하고 있으며, 이러한 효과는 만성 면역 장애의 발병을 촉진할 수 있다고 보고했다.

플라스틱은 합성하는 과정에서 여러 종류의 화학물질이 함유된다. 더구나 앞서 말했듯 다른 이물질과의 결합력이 뛰어나 트로이 목마 효과를 보이며 물리·화학·생물학적 성분이 복합적으로 작용하게 되어 독성반응을 일으킬 것으로 예상된다.

인류는 '석기시대'를 거쳐 '청동기시대'와 '철기시대'를 살아냈다. 많은 이가 머나먼 미래에는 지금의 시대를 '플라스틱 시대'라고 부를 것이라고 말한다. 석기시대부터 철기시대를 거치는 동안, 무기로 사용하지 않은 이상 인간이 그로 인한 피해를 받았다는 것을 본 적이

15 "나노와 미세플라스틱의 장내 독성 및 장내 효과(mmunotoxicity and intestinal effects of nano-and microplastics: a review of the literature)."

없다. 우리가 미래 세대에게 남길 유산이 '플라스틱 시대'를 산 후유증이 아니라야 하지 않을까. 보이지 않아도 미세플라스틱의 독성은 우리의 삶을 야금야금 갉아먹는다. 믿어지지 않는다면, 지갑 속 신용카드를 꺼낼 때마다 일주일 동안 한 장씩 먹고 있다고 상상해보자. 식사 후 입을 닦고자 물티슈를 꺼낸다면, 그것이 당신의 디저트일 수도 있다.

코로나 시대, 살균·소독제의 배신

코로나 시대, 소독제의 사용이 늘다

2019년 12월 중국 우한에서 처음 발생한 신종코로나바이러스 감염증COVID-19은 전 세계 사회·경제활동을 공황 상태에 빠트렸다. 전염병 확산을 방지하기 위해 우리는 생활방식을 아주 빠른 속도로 변경해야만 했다. 더구나 원인 바이러스인 'SARS-CoV-2'가 코로나바이러스 중에서도 전염성이 매우 강한 데다, 세계 각국에서 베타, 델타, 오미크론 변이 바이러스 등 새로운 변종이 발생하고 있다는 보도가 이어져 혼란이 더욱 가중되었다. 또한 명절이나 긴 연휴가 지나고 나면 확진자가 평소보다 증가해, 정부에서는 명절 귀경이나 지역 간 이동을 가급적 자제해줄 것을 권장했다.

코로나바이러스는 인간에게서 빈번하게 발생하는 감기의 원인이다. 지름이 약 150nm(80~220)이고 약 3만 개의 뉴클레오타이드로 구

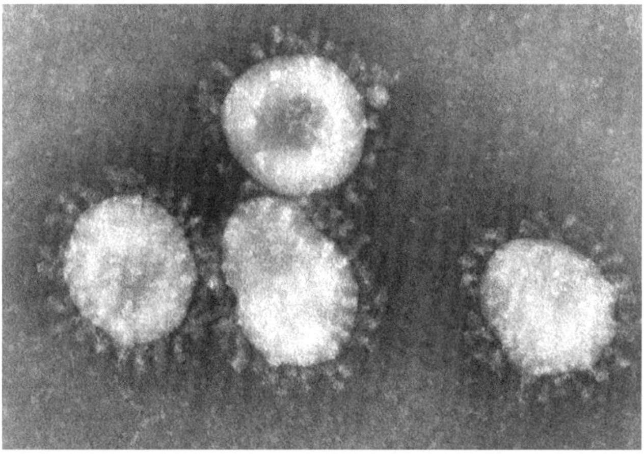

▲ 코로나바이러스

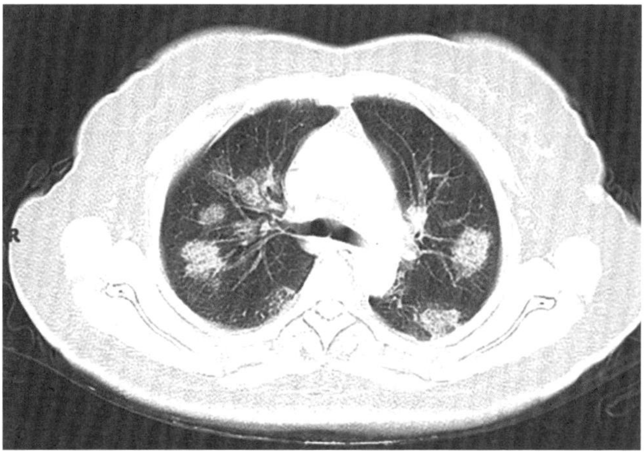

▲ 코로나19에 감염된 사람의 컴퓨터 단층촬영 사진. 폐의 병변부가 흰색으로 나타난다.

성되어 있으며, 네 가지 구조단백질로 이루어졌다. '코로나'라는 명칭은 세포막의 독특하게 튀어나온 스파이크 단백질 모양에서 유래했다.

여느 감기와 마찬가지로 SARS-CoV-2도 환자와 대화하거나 환자의 기침, 재채기를 통해 방출되는 비말이 주된 감염 경로이며, 감염된 표면에 대한 직·간접적 접촉도 주요 감염 경로 중 하나다. 공기 중에서 수 시간 또는 수일까지 생존할 수 있고, 기침을 통해 방출되어 날아갈 수 있는 거리가 최대 8m를 넘는다는 보고도 있다. 입자의 크기, 질량, 풍속 등에 따라 대기 중에서 부유할 수 있는 거리가 결정된다는 것을 고려하면, 크기가 매우 작은 미세입자는 에어컨 바람을 타고 상당히 멀리 있는 사람들에게까지 영향을 줄 수도 있다는 것이다. 충분한 거리를 두었는데도 에어컨이 가동되는 카페와 식당 등에서 마스크를 쓰지 않은 사람들이 감염되는 일이 벌어지는 이유다.

감염 후 나타나는 증상은 무증상부터 경증과 중증까지 다양하다. 그러나 대부분 발열, 마른기침, 피로, 몸살, 인후통, 두통, 후각·미각 소실 등 경미한 감기 증상과 독감, 폐렴 등 호흡기계 증상이 나타났다. 일부 고령 환자나 기저 질환자는 중증으로 고통을 겪기도 했다.

뚜렷한 치료제가 없는 상황에서 빠른 전파력을 보이는 코로나바이러스를 차단할 방안 중 하나가 살균·소독제였다. 그로 인해 살균소독제 사용량은 전 세계적으로 급속히 증가했고, 한때 품귀현상이 일어나기도 했다. 국내에서도 화장품 업계를 중심으로 손소독제 생산 설비를 확충했고, 2020년에만 허가업체가 전년 대비 약 두 배 이상 증가했다.

미국 환경청도 방역을 위해 총 591종(2021년 11월 25일 기준)의 살균·소독용 제품을 승인하고 홈페이지를 통해 각 제품의 성분과 사용 가이드라인에 대한 정보를 제공했다. 이 전체 제품을 활성 성분을 기준으로 분류하면 4가 암모늄 계열이 약 46.02%, 과산화수소수와 차아염소산나트륨이 그 뒤를 이었다.

나는 이 모든 팬데믹 상황을 지켜보며 심리전을 치르는 기분이었다. 코로나바이러스의 확산으로 살균·소독제 시장은 엄청나게 확장되며 거의 매일 신제품이 쏟아지다시피 했고, 제품 출시 속도를 고려할 때 안전성에 대한 검사가 충분히 이루어졌다고 보기 어려웠다. 심지어 무독성을 표시한 제품들도 등장했다. 순간 '가습기살균제' 사건으로 고통받는 환자들이 떠오르며 걱정과 우려가 생기기 시작했다. 그분들의 희생으로 얻은 교훈이 우리 머릿속에서 지워진 것처럼 보였다.

그러나 독성학자로서 대중 앞에 나가 살균·소독제의 위험성을 이야기하기에는 코로나바이러스의 감염 속도가 너무 빨랐다. 독성학자로서 대중에게 언제 다가가야 할지, 어떻게 말을 꺼내야 대중의 거부반응 없이 공감과 동의를 얻어낼 수 있을지 많이 고민했다. 감염 속도가 너무 빠른 시기에는 아무리 이성적으로 얘기해도 거부반응만 커질 것 같았고, 심각성과 중요도를 고려할 때 감염 확산 속도를 저지하는 것이 우선이라고 생각되었기 때문이다.

생활화학제품 속 화학물질이 일으킨 참사, '가습기살균제 사건'

우리나라는 전 세계에서 유일하게 가습기살균제 사건을 경험한 국가다. 제품 판매를 승인하는 과정에서 소비자에게 발생할 수 있는 노출 시나리오가 충분히 고려되지 못한 것이 주요 원인이라고 할 수 있다. 고통은 고스란히 제품을 구매한 소비자의 몫이 되었다.

2020년 8월 7일 기준으로 확인된 가습기살균제 피해자는 1,558명이었으며, 정부에 피해 신고를 한 사람만 해도 6,833명이었다. 2020년 7월 27일, 사회적 참사 특별조사위원회는 가습기살균제 사용으로 인한 건강 피해 경험자가 약 67만 명에 달하며, 사망자는 약 1만 4,000명으로 추산된다고 발표했다. 이는 전 세계적으로도 전무후무한 화학물질에 의한 참사이자, 화학물질에 대한 케모포비아가 대중 사이에 공공연하게 자리를 잡게 된 계기였다.

▲ 옥시 제품 불매운동 포스터 © 참여연대

2011년 가습기살균제 사건에 이어, 2012년과 2013년 구미 불산 누출 사고가 연속해서 발생하자, 화학물질의 관리 체계 강화를 위한 방안으로 화학물질의 등록 및 평가 등에 관한 법률(2015년, 화평법)과 화학물질관리법(화관법)이 도입되었다. 그러나 기존에 제정된 다른 법들과 상충하는 부분이 있어, 주로 생활용품에 함유된 화학물질에 대해서만 효력이 발휘되고 있다.

인간은 다양한 생활공간에서 공기, 물, 음식물, 주거, 생활용품 등의 생활자원을 활용함으로써 생존한다. 이들 생활자원과 환경에 존재하는 해로운 물질의 영향을 받을 수도 있고, 해로운 물질을 배출할 수도 있다. 우리 자신이 곧 피해자이면서 가해자이기도 하다는 뜻이다.

그 예로 우리가 흔히 사용하는 주방·세탁 세제는 물론 식품, 화장품, 제초제, 살충제, 살균제, 세정제, 샴푸, 샤워 젤, 헤어 컨디셔너, 치약과 같은 개인 위생용품 등을 들 수 있다. 이들 제품에 함유된 계면활성제 성분이 살균·소독제뿐만 아니라 미생물억제제, 보존제, 분산제, 습윤제, 기포제, 또는 유화제로도 활용되기 때문이다.

계면활성제Pulmonary surfactant는 두 액체 사이, 기체와 액체 사이, 또는 액체와 고체 사이의 표면 장력(또는 계면 장력)을 낮추는 화합물을 의미한다. 그런데 이 계면활성제는 대기 중 미세먼지의 성분이 되어 미세먼지와 함께 우리 호흡기로 들어올 수 있다. 세정제는 없으면 불편할 만큼 우리에게 유용한 제품이지만, 사용량 대부분이 물과 함께 하수도를 거쳐 환경으로 배출되면 토양과 물에 잔류해 있다가 자연계 순환을 거쳐 미세먼지와 결합할 수 있기 때문이다. 지난여름, 낙동강 등 주요 강에서 발생한 녹조현상 또한 이들 성분에 함유된 질소와 인이 녹조류의 성장을 촉진해서 발생한 사건이다.

또한 계면활성제는 물 분자와 쉽게 결합하는 친수성과 이와 반대로 물과 결합하지 않고 겉도는 소수성을 동시에 가지고 있어 '제조나노물질'을 액상에서 나노 크기로 만들고 유지하는 데 필요한 분산제로도 널리 활용된다. 그로 인해 나노기술과 나노산업이 팽창하면서 생체·환경친화적인 계면활성제의 개발과 응용 또한 급증했고,

▲ 인체에 안전하다고 표시한 가습기살균제 제품 ⓒ KBS 뉴스 방송 캡처

2014년 국제 계면활성제 시장 규모는 330억 달러(39조 7,320억 원)를 초과했다. 이러한 증가세는 코로나바이러스의 확산으로 더욱 증가했다.

우리 몸에도 생물학적 계면활성제가 있다. 세포막이나 세포 내 소기관의 막을 이루는 성분인 인지질Phospholipids도 계면활성제와 유사한 구조를 갖는다. 이외에도 인체는 다양한 계면활성제를 생산하는 것으로 알려져 있다. 간에서 생성되는 계면활성제인 담즙염은 소화에 중요한 역할을 하고, 폐 속의 계면활성제는 폐에서 '총 폐 용량'과 '폐 순응도'를 증가시켜 호흡을 용이하게 한다.

매우 조심스러운 이야기지만, 가습기살균제 사건의 피해는 여기서 시작된다. 우선, 가습기살균제 사건을 일으킨 대표적인 성분 중 하나인 폴리헥사메틸렌 구아니딘Polyhexamethylene guanidine, PHMG은 원래 러시아에서 세정제로 개발해 사용하다 국내에 수입되는 과정에서 세계 최초이자 마지막으로 첨가제로 승인을 받았다.

유의할 것은 같은 화학물질인데 '세정제'와 '첨가제'로 구분되었을 때 인체 노출량이 상이하게 달라질 수 있다는 것이다. 세정제는 말 그대로 세정 효과를 누린 뒤, 물로 헹궈버리게 되므로 일부러 마시지 않는 한 호흡기나 인체의 다른 장기로 유입될 확률이 매우 낮다. 샴푸나 설거지용 세제를 사용하고 그 물을 마시는 일은 없지 않은가.

그러나 첨가제는 다르다. 사용처의 고유한 기능에 따라 세정제에 비해 노출 빈도와 노출량이 증가할 가능성이 매우 크다. 가습기살균제가 가습기에서 분무된 에어로졸 상태의 물 분자와 함께 호흡기로 유입될 수 있었던 것도 세정제가 아닌 첨가제였기 때문에 가능했다.

세포막의 구조

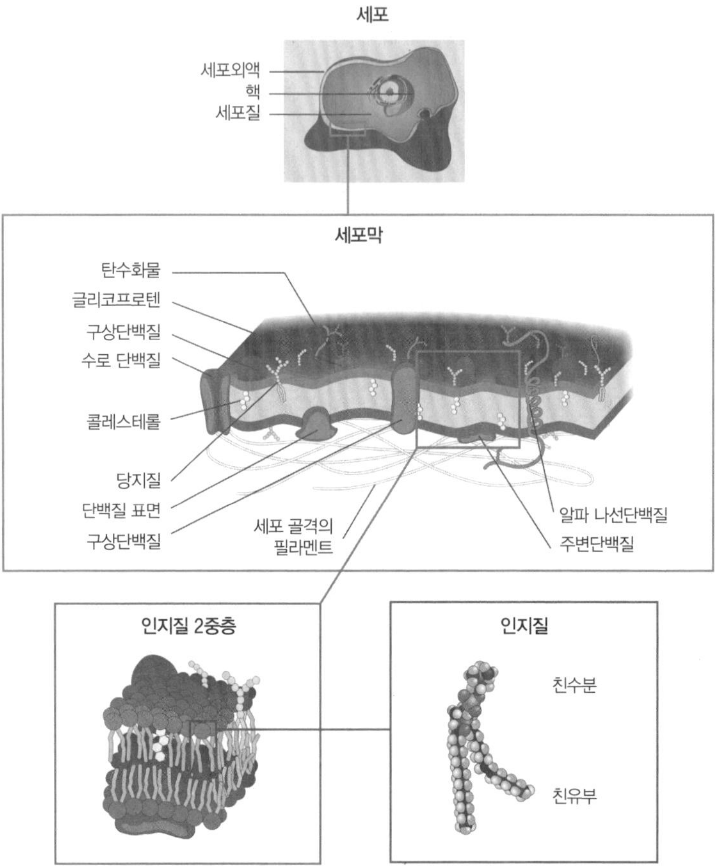

ⓒ 위키피디아

우리의 몸은 스스로 지키려는 노력, 즉 '항상성'이라는 것을 갖고 있다. 더운 곳에 있을 때 땀을 흘려 체온을 유지하게 하고, 단 음식을 먹었을 때 인슐린을 분비하여 혈당을 유지하는 등 스스로 '인체가 가진 정상 상태'로 조절하는 능력이 '항상성'이다.

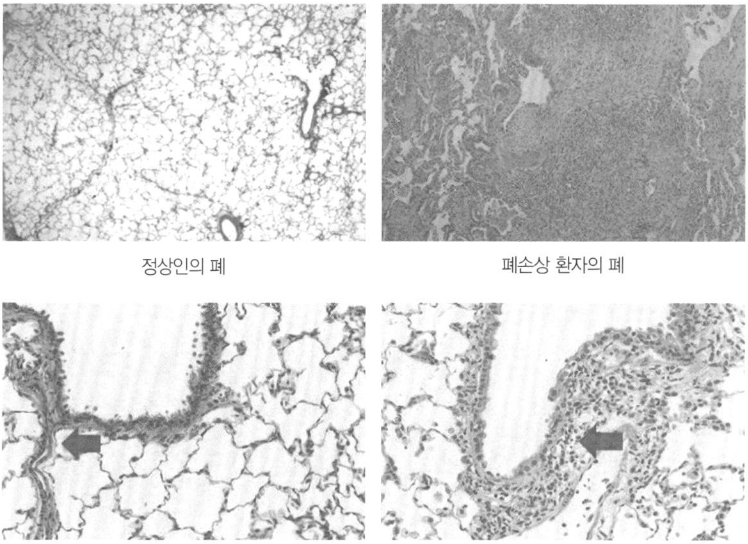

정상인의 폐 / 폐손상 환자의 폐

정상 쥐의 폐 / '옥시싹싹 가습기당번'을 흡입한 쥐의 폐

▲ 가습기살균제로 인한 피해자 폐 사진(위), 동물실험 전후의 실험쥐 폐 사진(아래) ⓒ 환경보건시민센터

가습기살균제 사건의 피해자들은 호흡기를 통해 유입된 계면활성제에 의해 폐 내 계면활성제의 양이 비정상적으로 증가하여 이 기능이 손상되었다. 결국 폐를 구성하는 다양한 세포들의 막이 파괴되면서 폐가 제 기능을 못 하게 된 것이다.

피할 수 없다면, 현명해지자

우리는 가습기살균제 사건 이후로 같은 피해를 반복하지 않기 위해 많은 노력을 기울이고 있다. 정부와 관계부처는 물론이고, 기업들도 다시는 화학물질로 인한 인명피해가 발생하지 않도록 자사의 제품을 연구하며 검증한다.

물론 국민의 건강을 살피는 꼼꼼한 규제와 법체계, 기업의 노력 안에서도 빈틈은 있기 마련이다. 지금처럼 전 세계가 예상치 못한 바이러스의 공습으로 전쟁을 치르느라 안전성보다 효율성에 집중할 수밖에 없는 것 또한 당연하다.

나의 고민은 이 지점에서 출발했다. 살균·소독제가 절실한 시국에 코로나19 환자에서 가장 큰 문제로 제기된 것이 폐 섬유증 발생이었고, 가습기살균제 피해 환자들의 대표적인 질환 또한 폐 섬유증이었다.

이런 특발성 폐섬유증은 이름에서도 알 수 있듯이 그 기전이 명확하지 않다. 안전한 농도에 대한 충분한 검증 없이 무분별하게 사용하다 피해가 발생할 수 있다는 불안이 겹쳤고, 어느 순간부터 팬데믹 시대의 살균·소독제 사용이 양날의 검처럼 보였다.

안타깝지만 우리 연구자들이 신종 코로나 바이러스와 관련된 모든 부분을 꼼꼼하게 살피고 연구하기에는 시간도 부족하고 환경도 열악하다. 그러나 가습기살균제 사건과 같은 불행한 상황의 재발을 막아야 한다는 사실은 누구도 부정할 수 없다. 현명한 살균·소독제 사용이 그 어느 때보다 요구되는 이유가 바로 이것이다.

코로나19 팬데믹 시대에 살균·소독제를 현명하게 사용하는 방법 몇 가지를 소개하면 다음과 같다.

첫째, 살균·소독제는 공기 중에 뿌리지 말고 가구, 식탁, 테이블 등 단단한 물체 표면에 분무한 후 반드시 걸레(행주)나 티슈로 닦아내

자. 또한 강산성, 미산성 염소계 살균·소독제는 증발하는 과정에서 인체에 해로운 산가스가 발생할 수 있으므로 밀폐된 공간에서 사용하지 말고 사용 후에는 반드시 충분한 환기를 해야 한다.

둘째, 물로 손, 입, 코 주변을 자주 닦자. 물로 닦을 수 없다면 손소독제를 사용하되, 손소독제를 바른 손으로 입이나 코, 눈 등을 만지지 않는다.

셋째, 계면활성제의 기능은 임계미셀농도[16]에서 개시되고, 그 반응의 크기도 거의 최대에 이르는 것으로 관찰되고 있다. 또한 이 농도는 온도, 습도, 이온 존재 여부 등 다양한 조건에 의해 변화할 수 있다. 따라서 살균제와 소독제는 혼합해서 사용하지 말아야 한다. 인체에 대한 유해성 또한 임계미셀농도와 밀접한 연관성을 가지고 있어서다. 만약 살균·소독제를 두 가지 이상 사용해야 한다면 혼합하지 말고 번갈아 사용하도록 하자.

넷째, 제품 사용설명서에 기록된 사용법을 반드시 지키자. 용량을 더 넣는다고 해서 효과가 커지는 것은 아니다.

다섯째, 선별진료소 등에 근무하는 의료진과 소독을 위해 근무하는 직원들은 살균·소독제에 대한 노출 고위험군이다. 관련 종사자들이 충분한 휴식을 통해 폐기능 손상을 예방하기 위해서는 충분한 재정적·행정적 조치가 필요하다.

4가 암모늄 계열 성분이 살균·소독제에 많이 이용되는 이유는 세

16 critical micelle concentration. 계면활성제 수용액은 일정 농도 이상이 되었을 때 분자의 집합체(미셀)를 형성하는데, 이때 미셀이 형성되는 최저 농도를 말한다.

포막에 대한 결합력이 매우 높고, 결합 후 분해작용을 통해 세균이나 바이러스를 죽이기 때문이다. 손소독제나 손세정제에도 이러한 역할을 하는 성분들이 섞여 있다. 주목할 것은 그렇게 세포막에 잘 결합하는 물질들이 우리 몸에 어떤 역할을 하는가이다.

「발진, 가려움증 등 과민증상이 일어나는 경우, 피부 자극 증상이 나타나는 경우, 반드시 의사, 약사와 상의해주십시오.」

손소독제와 손세정제를 포함하여 피부에 닿는 많은 제품이 이런 내용의 주의사항을 표기하고 있다. 또한 이들 제품에는 글리세린 같은 피부 보호제나 보습 역할을 하는 다른 성분이 반드시 들어 있다. 이것을 역으로 생각해보면 살균·소독제 제품을 왜 유의해서 사용해야 하는지 충분히 이해할 수 있다.

나노물질의 두 얼굴, 신산업의 건강 위협

나노물질, 나노라는 신세계

1987년에 개봉한 영화 〈이너스페이스Innerspace〉는 주인공이 소형 잠수정에 탄 채로 과학기술에 의해 눈에 보이지 않을 만큼 작아져서 인체의 여러 기관을 탐험하는 이야기다. 흥미진진한 스토리와 액션에 살짝 가려진 느낌이지만, 이제는 '현재'가 되어버린 미래 기술에 대한 당시의 아이디어는 많은 사람의 환호를 받았다. 이 영화를 만든 감독과 작가는 자신들의 아이디어가 미래의 나노 기술을 담고 있다는 것을 알고 있었을까?

34년여 흐른 2021년, '나노 기술'이 반영된 '나노봇'이 등장하는 또 다른 영화가 개봉했다. 영화배우 송중기가 주연한 국내 영화 〈승리호〉다. 이 영화에서는 나노 기술을 좀 더 구체적이고 명확하게 다루었다. 뇌신경이 파괴되는 불치병을 앓고 있는 소녀의 아버지는 마

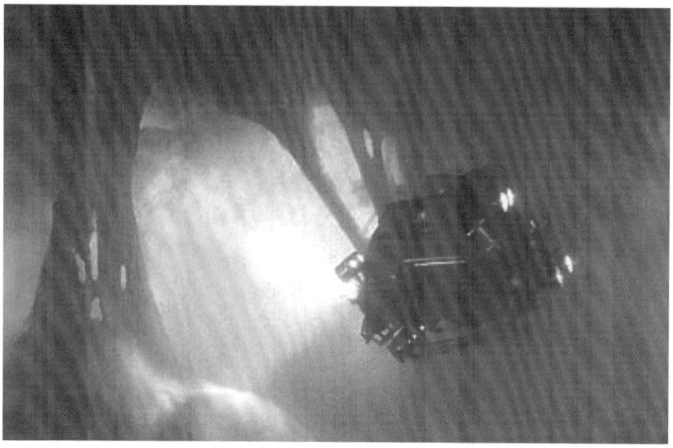

▲ 영화 〈이너스페이스〉 영상 캡처 © Amblin Entertainment, Warner Bros. Pictures

지막 희망을 담아 정교하게 프로그래밍된 나노봇을 주사한다.

기적일까? 기술일까? 끊어진 뇌신경을 대신하는 역할을 맡은 몸속의 나노봇 덕분에 소녀가 살아났다. 대신 자신의 나노봇을 이용해 우주에 흩어져 있는 다른 나노봇들과 교신하면서 소녀에게 신비로운 능력이 생겼다. 죽어가는 식물을 살리거나, 폭발 속에서 보호막처럼 사람을 감싸 구해내거나, 이미 사람이 살 수 없는 죽어가는 땅이 된 지구에서 식물들을 되살릴 수 있게 됐다.

이렇게 영화나 드라마, 소설 등을 통해 머나먼 미래를 예측하거나, 시간이 흘러 현실이 되는 일을 지켜보는 것은 참 즐거운 일이다. 〈이너스페이스〉에 등장한 초소형 잠수정은 점차 현실화하고 있는 나노봇의 전신이라 할 수 있고, 승리호는 최근 개발되고 있는 의료형 나노봇과 거의 일치한다. 그리고 기적과도 같은 이 모든 기술은 '나노'에서 출발한다.

그렇다면 '나노'는 무엇일까? '나노Nano'라는 말은 난쟁이를 의미하는 그리스어 '나노스Nanos'에서 유래한 것으로, 눈에 보이지 않을 만큼 아주 작은 물질을 의미한다. 그 크기는 1m를 10억 개로 잘랐을 때 1개 크기이며, 단위 표시는 'nm'를 쓴다. 비율로 크기를 실감하자면, 지구와 축구공의 차이 정도라고 해야겠다. 이 때문에 전자현미경을 통해서만 볼 수 있다.

나노물질이 신산업의 대표적인 기술처럼 불리는 탓에, 인간의 손에 의해서만 발휘될 수 있는 기술의 결정체처럼 보이는 것이 사실이다. 그런데 전혀 그렇지 않다. 이미 자연계에도 '나노물질'이 존재한다. 큰 바위가 바람과 비, 파도 등 물리적 힘을 만나 마모되어 눈에 보이지 않을 만큼 작게 부서지는 것, 폭포에서 물이 낙하하거나 파도가 바위를 때릴 때 나타나는 물보라, 촛불에서 나오는 연기도 나노물질이다. 우리는 이것을 '자연 나노'라고 부른다.

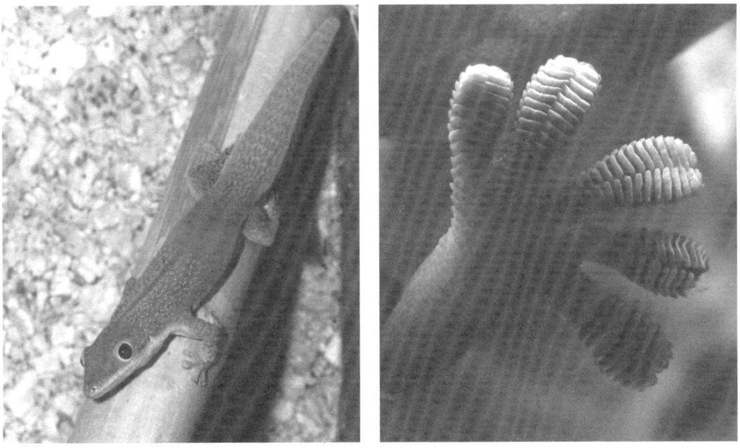

▲ 게코도마뱀의 발바닥에 있는 나노 크기의 강모

동물 중에서도 이 나노물질을 가진 녀석들이 있다. 애완동물로 인기 있는 '게코도마뱀'이다. 이 녀석의 특징은 발자국을 남기지 않고 높은 곳까지 오르내리는 것인데, 발바닥에 비밀 병기가 숨어 있다. 50~100마이크로미터μm, 지름 5~10μm의 강모剛毛, Micro-hair가 수백만 개 붙어 있고, 각각의 강모가 다시 수백 개의 섬모(길이 1~2μm, 지름 200~500nm)로 이루어졌다. 고층 빌딩을 무리 없이 오르는 능력은 발바닥에 있는 나노 크기의 섬모 덕분에 표면적이 넓어져 강한 접착력을 발휘하기 때문이다.

반대로 '자연 나노'와 달리 '제조 나노'는 인간이 만들어낸 나노물질이다. 일반적인 물질의 입자를 나노 크기로 만들어 다양한 산업에 사용한다. 실제로 게코도마뱀의 발바닥을 모방하여 만든 나노 구조의 테이프는 뛰어난 접착력을 자랑한다. 사용 후 흔적이 남지 않는데다 재사용도 가능하다.

상어 비늘 형태로 디자인한 나노 섬유 수영복을 입고 올림픽에 출전한 호주 수영 선수는 2008년 베이징 올림픽에서 수영 3관왕에 오르기도 했다. 상어의 몸은 나노 크기의 돌기로 뒤덮여 있는데, 이를 활용한 덕분에 물의 저항을 덜 받아 선수의 기량을 극대화할 수 있었다. 올림픽위원회에서는 이 수영복을 착용한 선수와 착용하지 못한 선수 간의 공정성을 고려해, 나노 기술을 도입한 수영복을 '테크놀로지 도핑'으로 간주했고, 나노 섬유 수영복 착용을 2012년 영국 런던올림픽부터 금지했다.

미래의 신소재라 불리는 '그래핀Graphene'도 나노물질이다. 영국의 가임Andre Geim과 노보셀로프Konstantin Novoselov 연구팀이 2004년 흑

연에서 투명테이프를 이용하여 떼어낸 물질이다. 이들은 그 공로로 2010년 노벨물리학상을 받았다.

그래핀은 구리와 비교했을 때 100배 이상 전기가 잘 통하고, 강철보다 200배 이상 강하다. 또한 전자 이동이 빠르고 열전도성과 신축성도 매우 뛰어나다. 이런 특징 덕분에 반도체, 롤러블 디스플레이, 우주엘리베이터 등 다양한 분야의 미래 산업에 쓰일 핵심소재이자 우리의 미래를 책임질 '꿈의 신소재'로 주목받고 있다.

나노제품 응용사례

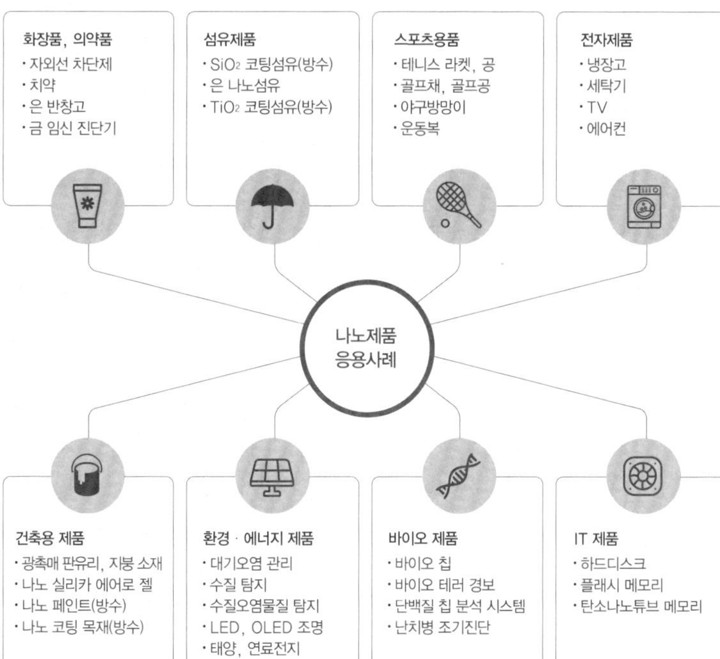

ⓒ 나노안정성정보시스템(NANOsafety, http://nano.nier.go.kr)

두 얼굴의 나노가 가진 민낯

2009년 중국의 한 페인트 공장에서 일하던 노동자들이 연이어 쓰러지는 사건이 발생했다. 이 노동자들에게서 폐가 딱딱해지는 폐섬유증이 발견되었고, 급기야 두 명이 사망했다. 검진을 통해 밝혀진 결과는 놀라웠다. 스프레이를 이용해 화이트보드를 코팅하는 작업을 하는 과정에서 나노물질을 흡입한 것이 원인이었다. 이 사건은 전 세계적으로 나노물질의 위해성을 알린 첫 인체독성 사례였다.

자외선 차단제에 사용된 나노물질의 위해성이 논란이 된 사건도 있었다. 미국 환경단체인 EWG Environmental Working Group는 2009년 다른 자외선 차단 성분보다 나노물질이 덜 위험하다는 연구를 내놓았는데, 또 다른 미국의 환경단체인 '지구의 벗Friends of the Earth'은 나노물질에 자외선을 쬐었을 때 '자유라디칼free radical'[17]이 발생해 DNA를 손상시킬 수 있다고 주장하며 이를 반박했다.

아울러 2021년 봄, 유럽연합EU은 식품 등급의 타이타늄 나노입자(E171)가 더는 인체에 해가 없다고 보기 어렵다고 경고했고, 최근 식품 등급의 타이타늄 나노입자를 식품첨가제로 사용하는 것을 금지했다. 도넛, 사탕, 케이크 등이 먹음직스럽게 보이도록 첨가한 하얀 파우더가 이제는 사용될 수 없는 것이다.

17 안정된 상태의 화학물질 속 전자는 하나의 궤도에 2개씩 짝을 지어 수용되며, 공유전자라 부른다. 반대로 서로 공유되지 않고 한 개의 전자만으로 하나의 궤도를 점유하는 것을 비공유 전자라 하는데 이를 가진 원자, 분자, 이온을 자유라디칼이라고 한다. 매우 불안정한 상태로 다른 것으로부터 전자를 빼앗아 공유전자로 만들거나, 비공유전자에 다른 것을 주어 안정을 찾으려는 성질이 있다. 그렇기에 자유라디칼은 반응성이 높아 주변의 물질을 반응시킨다.

OECD 우선관리 대상 나노물질

나노물질	특성 및 주요 응용 분야
플러렌 (Fullerenes, C_{60})	축구공 모양의 구형을 만드는 탄소 기반 나노입자. 전기, 전자, 신약 개발 등에 응용됨. 60개 탄소원자로 이루어진 C_{60}이 가장 널리 알려짐
단일벽 탄소나노튜브 (Single Walled Carbon Nanotubes, SWCNT)	단층 구조를 가진 튜브형 탄소 기반 나노입자
다중벽 탄소나노튜브 (Multi-Walled Carbon Nanotubes, MWCNT)	여러 층을 가진 튜브형 탄소 기반 나노입자. 전자, 전기, 광학, 재료공학 등에서 폭넓게 응용됨
은 나노입자 (Silver Nanoparticles)	의료 기기 및 상처 드레싱, 식품 및 위생 제품, 가전 제품, 화장품과 퍼스널 케어 제품, 신발과 직물, 페인트와 안료, 전자 제품, 사진, 정수 필터에 이용
철 나노입자 (Iron Nanoparticles)	크게 자성(Fe_3O_4)과 그 산화형(γ-Fe_2O_3)으로 분류되며, 자기 저장 장치, 촉매, 센서, MRI 조영제, 의학적 진단, 치료를 위한 표적 약물, 유전자 전달 등에 이용
이산화타이타늄 (Titanium dioxide)	크게 루틸, 아나타제, 브루카이트 등 세 가지 형태로 존재하며, 화장품, 자외선 차단제, 가정용품, 표면 코팅(페인트, 인쇄 잉크 등), 플라스틱을 포함한 다양한 산업에 사용됨
산화 알루미늄 (Aluminium oxide)	주로 구형 또는 파이버 형태로 합성되며, 흡착제, 건조제, 흡수제, 불활성(강화) 필러, 세라믹, 복합재, 연마제로 활용됨
이산화세륨 (Cerium dioxide)	희토류 금속인 세륨의 산화물이며, 다양한 석재, 세라믹 및 유리 응용 분야에서 광택제로 사용되고, 촉매로도 활용된다. 이산화타이타늄의 자외선 차단 효과를 대체할 저독성물질로 연구되고 있다.
산화 아연 (Zinc Oxide)	자외선 차단제, 페인트, 항균 및 피부 질환 치료제에 이용됨
이산화실리콘 (Silicon dioxide)	'실리카'라고도 불리며, 고무 · 플라스틱 첨가제, 콘크리트 강화제, 약물 전달체로 응용됨
덴드리머 (Dendrimers)	유전자 치료 및 의료 분야에서 DNA 또는 약물 전달 수단으로 사용하기 위해 연구되고 있음
나노클레이 (NanoClays)	소비재(플라스틱 필름 산화 억제) 및 항공 · 자동차 산업(재료의 탄도 충격과 강도 개선)에서 이용
금 나노입자 (Gold Nanoparticles)	의료 및 세포 이미징, 약물 전달, 바이오메디신 등에서의 활용을 위해 연구되고 있음

나노물질이 마이크로 사이즈 물질과 다른 유해성을 가질 것으로 추정된 첫 번째 이유는 바로 크기이다. 원료 성분이 동일한 물질이더라도 그 크기가 작아지면 생물체에 반응하는 표면적이 증가하여 반응성이 높아질 것으로 예상했다. 몇몇 금속성 나노물질은 그 크기가 감소하면서 눈으로 확인할 수 있는 색상이 달라지기도 한다. '금Au'은 그 대표적인 예로, 입자 크기가 점점 줄어들 때마다 노란색, 보라색, 파란색, 녹색, 오렌지색, 와인색으로 바뀔 수 있다. 표면적이 증가하는데 그 건강 영향이 같을 수 있을까?

두 번째 이유는 나노물질의 형태이다. 나노물질은 제조 방법에 따라 크기뿐만 아니라 형태도 다양하게 변형될 수 있다. 그런데 바늘처럼 강하고 뾰족한 형태의 아주 작은 입자가 인체 내부의 장기에 계속 쌓여 축적된다면 어떤 일이 발생할까? 아마도 여기저기 몸 안의 장기에 꽂혀서 혈관을 손상시키고, 출혈을 유도할 수도 있을 것이다. 동그란 나노물질이라고 해도 안심할 수는 없다. 상상하기로는 작고 동그란 입자는 뾰족한 입자보다 혈관을 타고 이동하기가 훨씬 용이할 것으로 보인다.

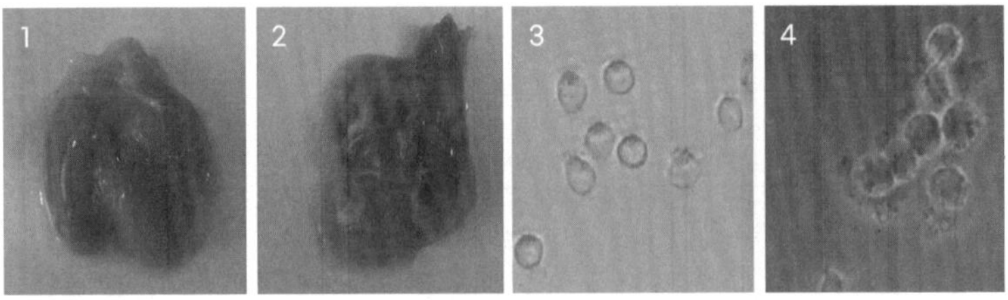

▲ 1. 쥐의 정상 폐사진
2. 쥐의 폐에 단층벽 탄소나노튜브를 직접 주입하고(100㎍씩 월 1회, 총 3회 투여), 마지막 투여 후 1개월에서 찍은 폐 사진
3. 정상 폐에서 꺼낸 폐 내 세포(기관지 폐포 세척액 내에 있는 세포, Bronchial Alveolar Lavage Cells)
4. 석면 주입 2주 후 꺼낸 폐 내 세포(뾰족한 형태의 석면이 그대로 꽂혀 있고, 죽은 세포들이 보인다)

또 다른 중요한 이유 중 하나는 나노물질의 표면에 나타나는 전하이다. 우리 생체는 세포막을 이루는 이중막의 내막과 외막을 이루는 아미노산 조성의 차이로 인해 음전하를 나타내는데, 이러한 현상은 세포 내에 존재하는 모든 소기관에서도 동일하다. 이 전하는 나노물질이 정전기적 인력에 의해 생체 또는 세포 내로 침투하는 주요 원인으로 작용한다. 그로 인해 혈관이나 림프를 통한 입자의 이동뿐만 아니라 철가루가 자석에 달라붙는 것과 같은 정전기적 인력을 통해 무차별적으로 각 조직 내로 침투할 수 있다. 이는 나노물질이 혈액뇌장벽blood-brain barrier[18]이나 태반을 통과하는 주요 작용으로 알려져 있다.

나노물질이 인체로 유입되는 가장 주된 경로는 호흡기다. 호흡은 우리가 알고 있듯이 호흡기를 통해 산소를 들이마시고, 이산화탄소를 배출한다. 이런 호흡작용은 들이마신 공기가 기관지를 통과해 종착역인 폐포alveoli, 허파꽈리에 이르는 과정을 통해 일어난다. 폐포가 포도송이처럼 모인 폐포낭alveolar sacs을 모세혈관이 감싸고 있는데, 혈액 속 적혈구가 몸속을 순환하며 싣고 온 이산화탄소를 산소와 교환한 후 다시 우리의 몸 구석구석을 순환하며 세포 생존에 필요한 산소를 공급해주는 것이다.

이때 폐포에 나노물질이 유입되어 있다면, 이를 제거하기 위해 다른 조직이나 혈관에 있던 면역세포들이 폐포 내로 모여든다. 물론 폐포에 유입된 나노물질의 양이 폐가 지닌 자정능력을 초과하지 않

18 혈액 속의 물질 중에서 일부만을 선택하여 뇌 속으로 이동하게 하는 '뇌 보호 기능'이 있다. 물이나 산소, 전신마취제 등은 통과할 수 있으나, 세균과 항암제 등은 차단하여 이동할 수 없다.

는다면 면역계가 승리하여 온전한 상태를 유지할 것이다. 그러나 폐의 자정능력을 초과하거나, 제거가 어려운 형태 혹은 폐를 구성하는 세포 속으로 깊이 파고들어 있다면, 우리의 면역계를 지속적으로 자극하여 폐포 벽이 두꺼워지고, 염증세포들이 폐 조직 사이사이에 축적되는 병리적 현상을 유도한다.

폐포 벽과 모세혈관 사이의 가스교환(이산화탄소와 산소의 교환)은 확산에 의한 것이다. 옆 사람이 방귀를 뀌면 그 냄새가 공기를 타고 나의 코로 들어오는 것과 같은 이치다. 하지만 옆 방에 있는 사람의 방귀를 다른 방의 사람이 알아차리지 못하듯, 나노물질과 면역세포들의 축적으로 폐포 벽이 두꺼워질수록 가스교환은 어려워진다. 그 결과, 산소로 교환되지 않은 이산화탄소들이 다시 우리 몸을 돌게 되며, 폐포와 폐포 사이의 공간에 면역세포들이 쌓이면서 공기를 담을 공간이 줄어든다. 즉, 호흡량이 줄고, 폐활량마저 저하되면서 호흡곤란을 느끼게 되는 것이다. 심한 경우 일상생활이 힘들어지는 상황이 발생할 수도 있다.

나노물질이 유입되는 또 다른 경로는 소화기나 피부다. 이 경로들에 의한 노출량은 개체별 차이가 크겠지만, 때때로 절대적인 양으로만 비교할 때 그 양이 호흡기에 비해 월등히 높을 수 있다. 그러나 여기서 중요한 것은 배출되거나 흡수되는 양 또한 다를 수 있다는 것이다. 따라서 어느 노출 경로가 더 위험하다고 단순히 단정 짓기는 어렵다.

나노물질, 정말 안전할까?

'기적의 물질', '신의 선물'이라 불린 석면이 '침묵의 살인자'로 인정받기까지 수많은 피해를 낳았다. 오랜 시간 다양한 분야에서 많은 양을 활용한 만큼 빠르게 제거하지도 못한다. 그런데 나노독성학자로서 '나노물질'의 위험성을 발견할 때마다 석면이 우리에게 준 고통과 교훈이 떠오르는 것은 왜일까.

나노물질의 독성 연구가 전 세계적으로 박차를 가하게 된 것이 고작 2006년경이다. 지금까지의 연구 결과에 따르면, 나노물질은 생체 내 성분과의 화학반응, 공유 및 비공유 결합을 통해 응집체를 (형)성하기도 하고, 생체 내 성분에 의해 분해되기도 한다. 이러한 과정을 통해 생체 내 분포가 달라지고, 생리적·병리적 손상을 유도하기도 한다. 또한 동일한 나노 소재일지라도 노출된 세포의 특성이나 축적된 세포 내 소기관에 따라 서로 다른 세포생물학적 효과를 유도하는 것으로 추정된다.

물론 독성으로 인간을 위험에 빠뜨린다는 명확한 증거는 없다. 그러나 안전성이 확실하게 증명되지는 않았다. 굳이 표현하자면, 심증은 있는데 물증이 부족해 고민이 많은 형사가 된 기분이랄까. 다만, 이미 많은 제품에 나노물질이 사용되면서 사후약방문처럼 그 유해성이 밝혀지는 경우가 있다.

햇빛을 차단하기 위해 만든 선크림에 들어 있는 이산화타이타늄 나노입자는 실험용 생쥐를 1시간 이상 노출한 것만으로 신경세포가 손상되었다.[19] 자연 나노를 포함하는 미세먼지는 1급 발암물질로 지정되었음을 앞서 이야기한 바 있다.

특히 제조나노물질은 생애주기, 직접 또는 환경을 통한 간접 노출 가능성을 고려하면, 생산 현장에서 작업하는 노동자들이나 나노물질 관련 연구자들이 가장 크고 직접적인 영향을 받을 것으로 판단된다.

EU와 미국 등에서는 제조나노물질의 안전성에 대한 불확실성을 근거로 미리 규제하고 대응하여 발생 가능한 피해를 막기 위해 '사전주의적 예방원칙'을 적용하고 있다. 또한 OECD[20]는 2006년 9월에 제조나노물질의 위해성 평가를 위한 범세계적 기구인 '제조나노물질 작업반WPMN'[21]을 설립하고 운영했다. 우리나라도 은나노물질에 대한 주무국lead sponsor으로서 이 작업반에서 활동했다.

그리고 2015년, 산업안전보건연구원은 나노물질 취급·제조 사업장을 중심으로 한 안전 가이드라인을 만들어 배포했다. 하지만 강제성이 없어 안전기준이 일괄적으로 적용되지 못했다.

나는 2020년 과학기술정보통신부 산하 국가연구안전관리본부의 지원을 받아 '나노물질 취급 연구실 안전관리 가이드라인'을 만들어 각 학교에 배포했다. 하지만 나노물질 독성자료를 확보하기가 어렵고, 실험실별로 취급하는 나노물질이 다양해 현실적인 한계에 부딪혔다. 결국 개발된 가이드라인은 각 실험실에서 취급하는 나노물질

19 미국 환경보호국(EPA) 산하 국립보건환경영향연구소(NHEERL)의 실험 결과, 활성산소가 과다 분비되어 주변의 신경세포를 손상시키는 것으로 나타났다.

20 Organization for Economic Cooperation and Development, 경제협력개발기구.

21 Working Party on Manufactured Nanomaterials, WPMN.

의 특성이 아닌, 취급하는 양과 성상에 의존할 수밖에 없었다.

2020년 12월, 과학기술정보통신부는 총 2,879억 원 규모의 '2021년도 과기정통부 나노·소재 기술개발사업 시행계획'을 확정하고, 사업을 본격 추진할 것을 밝혔다. 이 사업은 주력산업의 기술 경쟁력 강화와 신산업 창출을 선도할 나노·소재 원천기술 확보와 연구 인프라 확충을 지원한다.

이제 나노 산업은 피할 수 없는 정해진 노선이다. 신기술과 신산업을 통한 경제 성장과 다가올 미래, 인류의 더욱더 풍요로운 삶

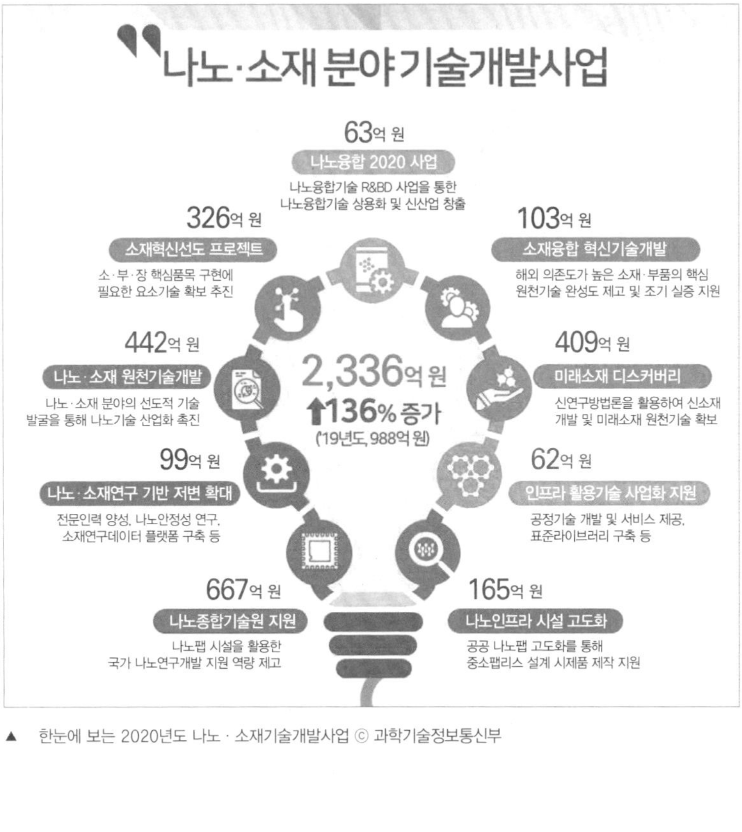

▲ 한눈에 보는 2020년도 나노·소재기술개발사업 ⓒ 과학기술정보통신부

이라는 목적지를 향한 고속열차와도 같다. 달리는 열차를 세울 수는 없지만, 출발하기 전에 꼼꼼한 안전 점검으로 미연의 사고를 방지하려는 노력이 필요하지 않을까? 그것이 고속열차에 탄 승객인 인류를 위한 최소한의 노력이자, 내 가족의 안녕을 위한 길이라고 생각한다.

4장

안전한 세상을 위해 우리가 해야 할 일

당신의 노력이 안전한 세상을 만든다

일상생활에서 독성으로부터 건강을 지키는 방법

"진짜요? 그게 그렇게 위험한 거였어요?"

"대기업 제품은 모두 안전한 것 아닌가요?"

독성물질에 대해 강연하면서 소비자들을 만나면 빠지지 않고 돌아오는 반응이다. 미세먼지, 미세플라스틱 문제가 심각하다는 것을 알고 있어도 건강에 어떤 영향을 미치는지 모르는 사람들도 많고, 평소 사용하던 물건에 다양한 유해물질이 들어 있어서 자신도 모르게 노출될 수 있다는 사실에 놀라는 눈치였다.

앞에서 이야기한 것처럼, 우리는 의식주 모든 부분에서 잠재적인 독성을 가진 화학물질이 들어간 제품들을 빠지지 않고 사용한다. 당장 눈에 보이는 독성의 위협이 없다 해도, 환경오염이라는 형태로 건강을 위협하기도 한다. 이 모든 사실을 알았을 때 돌아오는 질문은 언제나 "그럼 어떻게 해야 할까?"였다.

가장 좋은 방법은 독성이 있는 물질을 사용하지 않는 것이다. 하지만 불가능하다. 세상에 독성이 없는 물질이 어디 있나. 애정도 지나치면 독이고, 햇빛도, 물도, 산소도 과하면 독인 것을. 최고의 답이라면 "적당히 사용하세요."가 답이겠지만, 그것만으로는 부족하다.

이에, 그동안 강연하면서 청중들이 많이 질문하고 궁금해했던 내용을 모아 '일상생활에서 독성으로부터 건강을 지키는 방법'을 몇 가지 정리해보았다. 이것으로 평소 화학제품을 사용하면서 궁금했던 점들이 조금이나마 해소되었으면 한다.

첫째, 주방세제의 독성을 피하려면, 설거지할 때 몇 분 동안 헹궈야 할까?

가장 기억에 남는 질문이다. 솔직히 처음 이 질문을 접하는 순간 어떻게 설명해야 할지 몰라 당황스러웠다.

"20~26℃ 정도의 미지근한 물과 40℃의 따뜻한 물을 사용할 때가 다르고, 같은 온도라고 하더라도 4L의 물에 세제 4mL를 사용할 때와 물 8L에 세제 4mL로 설거지할 때가 다릅니다. 또한 흐르는 물인지, 개수대에 고인 물로 세척하는지에 따라 다릅니다. 정확한 조건을 제시해야만 몇 분 동안 헹굴지 과학적 산출이 가능합니다."

과학자로서 이렇게 대답했다면 반응이 어땠을까? 살면서 늘 깨닫는 것이 있다면 지식보다 지혜가 더 위대하다는 사실이다. 어떤 조건에서 얼마만큼의 용량으로 사용했건 세척이 완료되었음을 뒷받침하는 증거가 있다.

"뽀드득"

세척기가 아니라 손으로 설거지를 하다 보면 반드시 이 소리가 들리는 순간이 온다. 주방세제 특성상 그릇에 남아 있을 때 미끄러우므로, 이 소리가 들린다면 세제가 남지 않았다고 보아도 무방하다.

한 가지 더, 정말 중요한 팁이 있다. 과거에 수도세, 전기세, 전화요금 등 공공요금을 아끼기 위해 자신만의 노하우를 개발하던 시절을 떠올려보자. 나는 세제를 푼 물을 설거지통에 담아 설거지하고, 한 번 더 물을 받아 헹구고, 흐르는 물로 살짝 씻어 그릇 건조대로 옮겼었다. 양치할 때 컵을 사용한 것도 수도세를 아끼려는 이유에서였다.

그런데 독성학을 공부하고 보니, 이것이 세제 사용량을 줄이고, 비교적 소량의 물로 식기에 남은 세제도 최소화할 수 있는 최적의 방법임을 깨닫게 되었다. 조금 불편하지만, 미래 세대에게 남겨줄 환경을 조금 더 안전하게 유지할 최고의 방법이다.

2019년 유엔은 우리나라를 물 부족국가로 분류했고, 2025년부터는 물 기근 국가로 분류될 가능성이 크다고 보았다. 이제는 아끼기 위해 쓰지 않는 것이 아니라, 없어서 쓰지 못하는 상황에 대비해야만 한다.

둘째, 자외선은 피부암을 일으키는데, 나노물질 독성이 있는 자외선 차단제를 발라도 될까?

영화 〈엑스맨〉의 주인공 휴 잭맨이 10년째 피부암을 앓고 있다며, 자외선 차단제를 반드시 바르라고 충고했다는 소식이 들린다. 피부암을 걱정하는 그의 마음은 충분히 이해한다. 그러나 한편으로는 해양

생태계 환경을 위해 자외선 차단제를 금지한 나라도 있고, 제품에 따라 건강에 이롭지 않은 것도 있어 소비자의 세심한 주의가 필요하다.

자외선 차단제는 '유기 자외선 차단제(유기자차)'와 '무기 자외선 차단제(무기자차)'로 구분된다. 유기 자외선 차단제는 옥시벤존이나 아보벤존 등 유기화학물질을 주성분으로 하며, 무기 자외선 차단제에는 나노 사이즈로 만든 산화아연이나 이산화타이타늄 입자가 들어 있다.

2019년에 프랑스가 식품첨가제로 이용되던 나노 사이즈 이산화타이타늄의 사용을 금지한다고 발표하자 EU는 큰 충격을 받았으며, 몇몇 나라에서는 이와 반대되는 내용을 발표하기도 했다. 그러나 2021년 5월, EU는 식품첨가제로 사용되는 이산화타이타늄 입자가 더 이상 안전한 것으로 고려될 수 없다고 발표했다. 물론 아직 법적으로 금지된 것은 아니다. 제한적인 사용만을 허용하며 노출량 감소를 위해 적게 섭취하는 것을 권장한다는 내용이다.

그렇다면 피부를 통한 노출은 안전할까? 연구자들 사이에서 여전히 논쟁이 이어지고 있지만, 독성학자로서 조언한다면 각질세포를 제거한 후에 자외선 차단제를 바로 바르는 것은 피했으면 하는 바람이다.

피부의 가장 바깥쪽을 이루고 있는 각질층은 외부 자극으로부터 피부를 보호하는 보호막 역할을 한다. 이 각질층의 유무가 피부 건강을 좌우한다 해도 과언이 아니다. 수건이나 스크럽scrub이 들어간 세정제로 각질층을 제거하는 것은 외부 환경으로부터 우리 몸을 보호할 방어막을 제거하는 것이다. 이로 인해 피부 보호층 두께가 얇아지면 유해물질이 각질형성세포Keratinocytes와 멜라닌 형성세포Melanocytes가 있는 기저층까지 더 쉽게 흡수될 수 있어, 각질화 과정을 통해 각질세포를 보충하고 자외선이나 외부 자극으로부터 피부를 보호하는 멜라닌 형성 과정조차 손상될 수 있다.

하지만 평소 자외선 차단제를 거의 사용하지 않던 나조차도 이를 반드시 지참해야 하는 이유를 깨달았다. 해외연수를 위해 미국에 잠시 머무를 때 파란 하늘 사이로 내리쬐는 자외선이 너무 뜨거웠던 탓이다. 불행히도 기후변화는 점차 심각해져 우리나라도 자외선 지수가 높은 날이 과거보다 더 자주 발생하고 있다. 나는 안전한 자외선 차단제를 사용해 피부암을 걱정하는 일이 없기를 희망한다. 그러나 아직은 안전성을 확신할 수 있는 제품을 접하지 못했으며, 나노물질의 유해성을 시험하는 과정에서 우리가 상상하는 것보다 훨씬 놀라운 유해성을 가지고 있음을 알 수 있었다. 무엇이 옳고 그른지 명확하지 않은 지금, 나는 자외선 차단제를 최소로 사용해 인체 노출 총량을 줄이는 것을 권장하고 싶다. 음식을 먹기 전에 립스틱을 먼저 지우고, 다 먹고 난 후 다시 바르는 것 또한 이산화타이타늄 나노입자의 인체 노출량을 줄이기 위한 노력 중 하나이다.

셋째, 미세먼지가 심한데 환기를 해야 할까?

실내 환기가 필요한 이유는 밀폐된 공간에서 생활하면서 사람이 배출하는 이산화탄소를 비롯한 가스상, 입자상 오염물질이 밖으로 배출되지 못하고 실내에 축적되는 것을 막기 위해서다. 그런데 환기를 하지 않으면, 오히려 실내에서 발생하는 미세먼지의 농도가 높아진다. 따라서 미세먼지가 많은 날이어도 대기 중 미세먼지 농도가 상대적으로 높은 밤이나 새벽 시간을 피해 5분~10분 정도씩 서너 차례 환기하는 것이 바람직하다.

한 가지 더 팁을 드린다면, 세탁 시 가루 세제보다 액체 세제를 사용하는 것을 권장하고 싶다. 세탁기에 세제를 넣을 때나 헹군 후에 잔류한 세제에 의한 호흡기 노출 가능성이 훨씬 적기 때문이다. 또한 건조한 빨래를 갠 후에는 밀대나 청소기를 이용해 바닥을 청소하는 것이 실내 공기질 관리에 효과적이다.

넷째, '친환경'이나 '유기농' 인증이 된 제품은 안전할까?

사람에게 끼칠 수 있는 독성의 피해를 줄이고, 환경오염을 방지하기 위해 농산물부터 공산품까지 유기농·친환경 제품이 늘고 있다. 소비자들 또한 건강에 관심이 높아지면서 유기농·친환경 제품을 찾는 이가 많다.

먼저 사전에서 공업 분야의 '친환경 마크'를 뭐라고 정의하는지 살펴보자. "생산 과정에서 오염물질을 덜 배출하고 자원을 덜 소비하는 제품에 대하여 친환경 제품임을 국가가 인증하는 마크. 환경부 산하 환경 마크 협회에서 인증한다."[01]고 나와 있다. 일반적인 제품보다 오염물질을 '덜' 배출한다는 뜻이다.

유기농은 국가별로 인증 기준에서 차이가 있지만, 농업에서는 3년 이상 화학비료와 유기합성농약을 사용하지 않아야 하는 조건

01 네이버 어학사전 참조.

한국 유기농 인증 구분 및 원칙

구 분	내 용
유기농산물	합성농약과 화학비료를 전혀 사용하지 않고 유기적으로 재배한 농산물 (유기 전환기간: 다년생 작물은 최초 수확 전 3년, 그 외 작물은 파종 재식 전 2년)
무농약 농산물	합성농약을 전혀 사용하지 않고, 화학비료는 권장 시비량의 1/3 이내로 사용하여 재배한 농산물
유기가공식품	70% 이상 또는 95% 이상의 유기농 축수산물 및 유기가공식품을 원료로 사용하며, 허용된 첨가물 또는 가공 보조제를 사용하여 유기적인 방법으로 제조 · 가공 · 유통되는 식품 –분류: 유기원료 95% 이상 유기가공식품, 유기원료 70% 이상 유기 가공식품
무농약 원료 가공식품	전체 원료 함량 중 50% 이상 무농약 농산물을 원료로 사용하며, 유기식품, 무농약 농산물,허용된 첨가물 또는 가공 보조제를 원료 또는 재료로 하여 제조 · 가공 · 유통되는 식품
비식용 유기가공품	70% 이상 또는 95% 이상의 유기농 축수산물과 허용된 단미 · 보조사료를 사용하여 유기적인 방법으로 제조 · 가공 또는 취급되는 가공품 –분류: 양축용 유기사료, 반려동물 유기사료(70% 이상, 95% 이상)
취급자	친환경 농축산물, 유기 · 무농약 원료 가공식품, 비식용 가공용품을 저장, 포장(소분, 재포장 포함), 운송, 수입 또는 판매하는 사업자

ⓒ 컨트롤유니온(http://www.controlunion.co.kr)

이 일반적이다. 또한 유기농 원료를 95% 이상 사용한 공산품만이 인증받을 수 있다. 안전성으로 보면 일반 제품보다 당연히 월등하다. 우리가 많은 독성물질을 사용하면서도 비교적 안전하게 살아온 이유는 인체가 스스로 감당하고 배출할 수 있는 극미량을 사용했기 때문이다. 이는 '허용기준치'로 정해져 모든 생산자의 생산 활동을 통제한다. 유기농이나 친환경 제품은 그보다 더 까다로운 조건을 충족시켜야 한다.

그러나 유기농 인증의 세분화된 기준과 분류를 꼼꼼히 살필 것을 권장하고 싶다. 분류에 따라 화학물질이 완벽히 차단되는 것은 아니기 때문이다. 유기농의 조건도 나라별로 다르다. 더구나 종종 가짜가 등장하여 소비자를 우롱하는 일도 벌어지므로 방심은 금물이다.[02]

미국 유기농 인증 구분 및 원칙

구 분	100% 유기농	유기농	유기농으로 제작	특정 유기성분
로고	-USDA-NOP 로고도형 사용 가능	-USDA-NOP 로고도형 사용 가능	-USDA-NOP 로고도형 사용 불가	-USDA-NOP 로고도형 사용 불가
로고	'100% 유기농'이라고 문구 사용 가능	'유기농'이라고 문구 사용 가능 *단, '100%' 문구 사용 불가	'Made with Organic' (유기농으로 제작) 문구와 원료 3가지 언급하여 사용 가능 *단, 'Organic' 문구 사용 불가	'Organic' 문구 사용 불가 *단, 부표시면 원료 표기면에 유기원료에 대해 괄호 Organic 사용 가능
기준	전 성분이 100% 유기농 인증을 받는 경우(가공보조제도 유기농을 받아야 함)	전 성분 중 95% 이상이 유기농 인증된 원료와 그 외 5%는 USDA national List에 기재된 허용 원료를 사용한 경우	성분 중 최소한 70% 이상(95% 미만) 유기농으로 인증받은 경우	성분 중 최소한 70% 미만 유기농으로 인증받은 경우 유기농 인증 성분의 특성 구성비율이 없음
표시	유기농 원료의 경우 유기 표시를 해야 함 (예: Organic rose, 또는 별표 표시 등)			전 성분 목록에 유기농 인증 원료를 표시해야 하며, 유기농 원료의 %를 표기해야 함

ⓒ 컨트롤유니온(http://www.controlunion.co.kr)

02 "가짜 친환경 · 유기농 인증마크 붙인 30대, 벌금 2000만 원", 〈뉴시스〉, 2021년 6월 7일 자.

다섯째, 모든 제품에는 '주의사항'이 반드시 붙어 있다.

우리가 알아야 할 모든 것은 '주의사항'에 들어 있다. 과자, 약, 주방세제, 청소용품 등 모든 제품의 포장지, 설명서에 빠지지 않고 등장한다. 그러나 아토피나 알레르기 같은 특정 질병이 없으면 이를 잘 살피지 않는다. 이 때문에 청소용품 락스를 사용할 때 뜨거운 물을 사용하거나 다른 세제와 섞는 것이 금지인 것을 잘 모르는 사람들이 많다. 더구나 반드시 환기가 되고 있는 상태에서 이용해야 한다는 내용이 사용설명서에 기록되어 있음에도, 밀폐된 공간에서 사용해 발

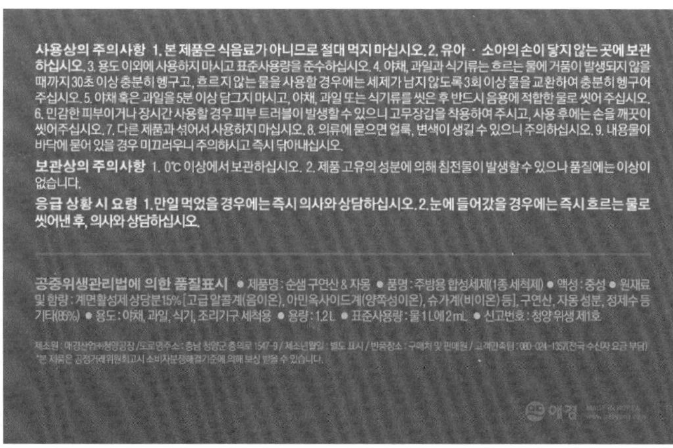

사용상의 주의사항 1. 본 제품은 식음료가 아니므로 절대 먹지 마십시오. 2. 유아 · 소아의 손이 닿지 않는 곳에 보관하십시오. 3. 용도 이외에 사용하지 마시고 표준사용량을 준수하십시오. 4. 야채, 과일과 식기류는 흐르는 물에 거품이 발생되지 않을 때까지 30초 이상 충분히 헹구고, 흐르지 않는 물을 사용할 경우에는 세제가 남지 않도록 3회 이상 물을 교환하여 충분히 헹구어 주십시오. 5. 야채 혹은 과일을 5분 이상 담그지 마시고, 야채, 과일 또는 식기류를 씻은 후 반드시 음용에 적합한 물로 씻어 주십시오. 6. 민감한 피부이거나 장시간 사용할 경우 피부 트러블이 발생할 수 있으니 고무장갑을 착용하여 주시고, 사용 후에는 손을 깨끗이 씻어주십시오. 7. 다른 제품과 섞어서 사용하지 마십시오. 8. 의류에 묻으면 얼룩, 변색이 생길 수 있으니 주의하십시오. 9. 내용물이 바닥에 묻어 있을 경우 미끄러우니 주의하시고 즉시 닦아내십시오.

보관상의 주의사항 1. 0℃ 이상에서 보관하십시오. 2. 제품 고유의 성분에 의해 침전물이 발생할 수 있으나 품질에는 이상이 없습니다.

응급 상황 시 요령 1. 만일 먹었을 경우에는 즉시 의사와 상담하십시오. 2. 눈에 들어갔을 경우에는 즉시 흐르는 물로 씻어낸 후, 의사와 상담하십시오.

공중위생관리법에 의한 품질표시 ● 제품명 : 순샘 구연산 & 자몽 ● 품명 : 주방용 합성세제(1종 세척제) ● 액성 : 중성 ● 원재료 및 함량 : 계면활성제 상당분 15% [고급 알콜계(음이온), 아민옥사이드계(양쪽성이온), 슈가계(비이온) 등], 구연산, 자몽 성분, 정제수 등 기타(85%) ● 용도 : 야채, 과일, 식기, 조리기구 세척용 ● 용량 : 1.2L ● 표준사용량 : 물 1L에 2mL ● 신고번호 : 청양 위생 제1호

제조원 : 애경산업㈜청양공장 / 도로명주소 : 충남 청양군 충의로 1547-9 / 제조년월일 : 별도 표시 / 반품장소 : 구매처 및 판매원 / 고객만족팀 : 080-024-1357(전국 수신자 요금 부담)
*본 제품은 공정거래위원회고시 소비자분쟁해결기준에 의해 보상 받을 수 있습니다.

▲ 주방세제에 표기된 주의사항 ⓒ 애경산업 홈페이지(http://www.aekyung.co.kr)

1) 화장품 사용 시 또는 사용 후 직사광선에 의하여 사용부위가 붉은반점, 부어오름 또는 가려움증 등의 이상 증상이나 부작용이 있는 경우 전문의 등과 상담할 것
2) 상처가 있는 부위 등에는 사용을 자제할 것
3) 보관 및 취급 시의 주의사항
가) 어린이의 손이 닿지 않는 곳에 보관할 것
나) 직사광선을 피해서 보관할 것

▲ 화장품에 표기된 주의사항 ⓒ 애뛰드 홈페이지(https://www.etude.com)

생하는 사고가 해마다 일어나고 있다.

다시 말하지만, 우리가 반드시 알아야 할 모든 주의사항은 제품 포장지에 기록되어 있다. 만일 기록되지 않은 내용으로 인해 소비자가 피해를 본다면 반드시 보상받을 수 있다.

건강하게 살기 위한 노력, 능동적 건강 활동은 작은 관심과 노력에서 시작된다. 체내의 유해물질을 제거하고 면역력을 높이기 위해 영양제를 꾸준히 복용하는 것도 중요하다. 그러나 그보다 더 중요한 것은 제품의 사용법과 주의사항을 철저히 지켜 우리 몸으로 유입되는 유해물질의 양을 최대한 줄이는 것이다.

여섯째, 산성비를 맞으면 대머리가 된다?

이미 이 책의 첫머리에 언급한 적이 있지만, 지금까지 가장 많이 알려진 산성비에 대한 오해이므로 좀 더 자세히 짚고 넘어가고자 한다.

먼저, 산성과 알칼리성을 구분하는 pH 농도값을 알아야 설명이 가능할 것 같다. pH 농도는 물과 같은 어떤 용액의 산성도와 염기도(알칼리성)를 표시하는 기준이 되는데, 1부터 14까지 구분하며 중간값이 7일 때는 중성에 속한다. 이를 기준으로 1에 가까워지면 산성, 14에 가까워지면 알칼리성이 높다. 참고로 우리가 마시는 순수한 물의 pH는 약 7 정도이다.

우리가 숨 쉬는 공기 중에는 질소산화물, 황산화물이 포함되어 있는데, 수증기를 만나면 질산과 황산으로 변하며 이것이 비에 섞여 산성비가 된다. '산성'이라는 말이 괜스레 공포감을 주지만, 결론부터 이야기하자면 산성비를 맞아 대머리가 될 확률은 매우 낮다. 오히려 대기 중에 있는 미세먼지와 결합한 다양한 유해 화학물질들이 모공을 손상할 가능성이 더 높다.

건강한 피부의 pH는 약 5.2~5.9이다. 제품별로 다르지만, 두피 건강을 위해 생산된 약산성 샴푸의 경우 pH5~6 정도이다. 일반적인 비의 pH는 대기 중에 있는 이산화탄소의 영향으로 5.6 정도이며, 대기 중 오염물질의 농도가 높아 pH가 5.6 미만일 때 산성비라고 한다. 만약 산성비 때문에 탈모가 생긴다면, 샴푸로부터 안전한 사람은 아무도 없을 것이다.

그렇다고 산성비를 맞아도 된다는 것은 아니다. 산성비가 토양의 산성화를 초래하여 식물이 병들거나 말라 죽는 사례가 늘고 있으며, 하천의 산성도가 높아져 플랑크톤이나 어류, 수중 식물 등에 피해를 주기도 한다.

일곱째, 과학적 증거 없이 맹신하지 말자.

산업 성장으로 경제적 풍요를 이루면서 우리는 육체적·정신적 건강을 챙기게 됐다. 기본적인 의식주를 비롯하여 취미나 여가 활동도 중요시하게 되었다. 이러한 문화는 건강제품 산업이 급성장하면서 생활에 여유가 생겼기 때문이기도 하다.

반면에 과학적으로 확인되지 않아 분명한 증거가 없는 제품들이 유행하기도 한다. 차라리 효과만 없으면 다행이다. 문제는 '라돈 침대 사건'처럼 건강해질 거라는 기대를 저버리고 오히려 암이 발생할까 봐 걱정해야 하는 사태다. 과학적 사고가 불가능하더라도, 합리적 의심을 하는 것이 어려운 일일까?

라돈 침대 사건은 과학적으로 증명되지 않은 '음이온' 효과를 건강에 이롭다고 생각한 오해에서 출발한다. 앞서 라돈 침대 사건을 다루었지만, 음이온은 공기 중에서 불안정한 상태라 존재하기 어렵다.

음이온을 발생시킨다는 설로 소비자를 현혹하는 광고는 또 있다. 바로 게르마늄Germanium이다. 탄소족 원소로 원자번호 32번이며, 전기가 통하는 도체의 성격과 통하지 않는 절연체의 중간에 있는 특이한 성질이 있다.

게르마늄 팔찌나 반지, 목걸이를 판매하는 업자들은 게르마늄 제품을 사용하면 면역력이 증강하고, 혈액순환이 원활해지며, 신경통과 관절염, 두통 등 통증이 완화되고, 스트레스 해소 등의 효과가 있다고 홍보한다. 그러나 아직 아무도 이런 효능을 밝혀내지 못했고, 검증된 연구 논문조차 없다.

물론 이들은 세 편의 국제학술지 논문을 게르마늄의 건강 효과를 검증한 과학적 증거로 내세우곤 한다. 2018년 국내 한 언론사가 전문가와 함께 검증한 결과, 2017년 11월에 게재된 단 한 편[03]만이 검색되었는데, 논문이 실린 'World Journal of Pharmaceutical ResearchWJPR'라는 학술지는 공식 국제학술지 목록에 존재하지 않았으며, 저자가 속한 소속 및 주소도 명확하지 않았다.

특정 회사나 제품의 효능 또는 성능을 실험하여 그 뛰어난 효능이나 성능을 설명하는 연구 결과를 제시하는 논문은 극히 드물다. 기자는 해당 기업에 논문 내용을 문의하기 위해 전화나 메일을 통해 연

03 논문 "The Perfect Health Solution(완벽한 건강 해결)."

락을 취해 보았지만, 연결되지 않았다고 보도했다.[04] 제시한 논문이 진짜였다면, 해당 업체는 기자의 연락을 반갑게 맞아 적극적인 홍보의 기회로 삼지 않았을까? 아마도 나만의 생각은 아닐 것이다.

유사한 사례 중 하나로, 한때 독소를 빼준다며 엄청난 입소문을 타고 판매되었던 발바닥 패치 또한 비과학적이다. 발바닥에 붙이면 체내 독소가 빠져나와 색이 까맣게 변한다는데, 경희대 가정의학과 김병성 교수에 따르면 까맣게 변한 것은 피부에 붙어 있던 세균일 뿐, 체내의 독소와는 아무런 상관이 없다.[05]

게르마늄이 방출한다는 원적외선과 음이온의 양은 우리가 길에서 흔히 보는 돌이 방출하는 양과 별 차이가 없다. 식품의약품안전처는 게르마늄의 효능을 인정하여 의료기기로 인정한 사례가 없다고 말하며, 적발될 시 처벌을 내리고 있다.[06]

그러나 이런 노력에도 불구하고 게르마늄 제품은 버젓이 판매되고 있다. 언론을 통해 계속 문제점을 알리는데도, 이들이 제시하는 광고 문구가 건강을 유지하고 싶은 소비자들의 마음을 움직이기 때문일 것이다.

더욱 안타까운 것은 라돈 침대나 가습기살균제처럼 눈에 보이는 피해자들이 발생하지 않는 한 이들 업체의 수는 증가하고, 정부와 언론의 통제 노력은 줄어든다는 사실이다. 통제의 파급력이 적다는 것

04 〈동아사이언스〉, 2018년 2월 3일 자 기사.
05 2019년 SBS 〈모닝와이드〉, "수상한 소문_독소를 빼주는 발바닥 패치."
06 TV조선 〈CSI: 소비자탐사대〉 2018년 3월 25일 방송.

이 그 이유다.

나는 개인적으로 건강을 잃는 것만이 소비자의 피해가 아니고, 기업의 상술에 속아 지갑을 여는 것도 엄연한 피해라고 생각한다. 과학적 근거가 없는 허위광고에 속아 지갑을 여는 사람이 줄어들기 바란다.

여덟 번째, 친환경 성분으로 만들어진 '무독성 살균·소독제'는 안전할까?

2020년 4가 암모늄 계열 물질 중 하나인 DDAC의 독성 기전을 연구한 논문의 보도자료를 발표했을 때, 세상의 반응은 뜨거웠다. 아마도 코로나19 팬데믹으로 인해 살균·소독제 사용이 급격히 늘었기 때문일 것이다. 그 당시 가장 많이 받은 질문 중 하나가 바로 "친환경 성분 또는 안전한 성분으로 만들어진 무독성 살균·소독제는 우리에게 안전하지 않을까요?"였다.

그런데 많은 사람이 간과하고 있는 사실이 있다. 바로 살균·소독제의 본질이다. 즉, 성분이 무엇이냐가 아니라 고유의 기능인 살균과 소독이라는 효과가 중요하다. 세균이나 바이러스를 죽일 수 있다는 것은 우리 몸을 이루고 있는 세포나 조직에도 영향을 줄 수 있다는 뜻임을 잊지 말아야 한다.

아홉 번째, 나의 환경이 아니라 우리의 환경이다.

냉장고와 TV가 부의 상징이던 초등학교 시절과 버스가 없어 한 시간씩 걸어서 통학했던 중학교 시절을 보낸 나로서는 지난 반백 년 동안 이루어진 과학의 발달 앞에서 늘 놀라움을 금할 수 없다. 약 30여 년 전만 해도 핸드폰을 사용하는 사람은 매우 드물었는데, 지금은 유치원 아이들까지도 사용한다.

청소년들이 핸드폰의 작은 자판을 엄지손가락만으로 빠르고 능숙하게 누르는 것도 놀랍다. 이들은 한때 엄지족이라고 불리더니, 이제는 포노사피엔스라는 신인류로 등극했다. 그런데 이제 자판을 누르는 노력도 불필요한 세상이 되었다. 음성 인식 시스템이 등장하여 말로 명령을 내리면 사물인터넷 시스템이 알아서 척척 뉴스도 들려주고, 원하는 TV 채널도 찾아준다.

문명의 발전은 여기서 끝나지 않고 가속도가 붙었다. 4차 산업혁명이 본격적인 궤도에 오르자, 이제 말할 필요도 없는 세상이 되고 있다. 글로벌 가전 브랜드들이 명령 없이도 스스로 제 할 일을 찾아서 하는 시스템을 자사의 제품에 탑재하고 있으니 말이다. 주문하지 않아도 냉장고가 스스로 생수나 과일, 야채를 주문하는 식이다.

우리의 편리함은 이렇듯 신산업의 발달과 성장을 통해 이루어진다. 적당한 편리함은 축복이지만, 정도를 넘어서는 편리함은 오히려 인간에게 독이 되지 않을지 생각이 많아진다. 신산업이 성장함에 따라 화학물질에 노출되는 일도 증가했고, 그로 인한 환경성 질환 환자와 질환 유형도 점차 증가하고 있기 때문이다.

환경성 질환은 일상생활에서 살아가는 동안 저농도로 장기간 노출되어 발생하기 때문에 대부분이 만성 질환과 노인성 질환이다. 따라서 초고령사회에서는 환경성 질환을 가진 환자의 비율이 급격히 증가할 것으로 예상된다.

다시 말하지만, 우리가 원한 건 무병장수였으나 현실은 유병장수가 되었다. 편리함과 윤택함을 위해 개발된 새로운 화학물질이 환경을 오염시키고, 그 환경에서 살아가는 우리의 건강을 해치는 주요 원인으로 작용하고 있다. 휴지통을 장악한 일회용 플라스틱 컵들과 필수품이 된 마스크, 새벽 배송이 많아진 시대에 늘어나는 스티로폼 박스와 아이스 팩들, 심지어 우리들의 실험실에서 배출되는 일회용 피펫이나 팁, 튜브 등 플라스틱 쓰레기들은 끝도 없이 쏟아진다. 쓰레기 매립 문제가 국제적인 이슈나 분쟁의 소지가 되어가는 요즘, 차라리 저 멀리 우주 밖으로 던져버릴 수는 없을까 싶을 정도다.

현재 몇몇 지역에서 운영되고 있는 환경성질환센터에서는 아토피 피부염, 천식, 알레르기 등을 주로 관리하고 있다. 그러나 실제로는 거의 모든 만성 질환이 환경성 질환에 속한다고 해도 과언이 아니다. 이것은 곧 환경이 오염되면 결국 우리 모두의 건강에도 부정적인 영향이 미치고, 이와 반대로 환경이 깨끗해지면 유해물질의 위협으로부터 자유로워져 건강한 미래를 꿈꿀 수 있다는 뜻이다.

복잡하게 생각할 필요는 없다. 생각보다 아주 단순하다. 단지 작은 실천이 필요할 뿐이다. 자외선 차단제를 바르기 전에 오존층의 파괴를 먼저 걱정하고, 미세먼지로 인한 폐 질환을 걱정하기 전에 그 발생원을 감소시키기 위해 노력하면 된다. 세제 사용량을 줄이고, 전자제품과 자동차의 교체 시기를 늘리고, 옷 소비를 줄이고, 대중교통을 이용하고, 전기 사용량을 줄이고, 플라스틱 사용량을 줄이는 것이 모두 이러한 노력의 일환이다.

그렇다고 환경오염을 막기 위해 지금 쓰는 가방을 버리고 친환경

소재로 만든 가방을 구입하는 것은 환경을 지키는 바람직한 행위가 아니다. 새 옷보다 지금 옷장에 있는 옷을 오랫동안 예쁘게 입도록 하자. 커피전문점에서 판촉 행사로 사용하는 다회용 컵은 최소 4회 이상, PP텀블러는 최소 50회 이상 사용해야 환경에 도움이 된다고 한다.

깨끗한 환경 속에서 우리와 우리 자손의 건강이 지켜질 수 있다. 유해물질이 가득한 쓰레기로 범벅이 된 지구를 유산으로 물려줄 수는 없지 않은가? 바로 오늘 이루어진 우리의 노력만이 안전한 미래, 안전한 세상을 만든다.

정부의 노력이 국민의 건강을 보장한다

초고령사회 대한민국, 준비가 필요하다

작은 쪽방에서 홀로 살아가는 고령의 노인이 죽음을 맞이한 지 한참 후에야 발견됐다는 뉴스가 더 이상 낯설지 않다. 최근 4차 산업혁명의 혜택인 사물인터넷 기술을 이용하여 독거노인을 도울 수 있는 시스템이 개발되었다. 얼마 전부터는 노인을 돕는 AI 로봇 기술이 개발되었다는 소식도 들려온다. 과학기술의 발전도 초고령사회에 접어든 우리의 삶을 반영하고 있음을 알 수 있다.

노인의 비율이 높아진 지방 도시들은 소멸 위험지역으로 분류되며 위기에 처했다고 한다. 젊은 사람은 찾아볼 수 없고, 노인들만 마을을 지키고 있는데 유입되는 인구마저 없어서다. 매년 낮아지는 출산율에 고령자 인구만 늘어나는 소멸 위험의 도시라니⋯ 마치 암울한 미래를 확정 지은 종말론까지 고려해야 할 징조처럼 불길하다.

하지만 초고령사회의 암울한 미래를 운운하며 우울한 감정을 회복할 시간적 여유가 없을 만큼 시급하게 준비해야 할 사회·경제적 문제들이 많다. 청년실업에 무역전쟁, 국내 정치 상황, 심지어 부동산 문제까지, 임기 30년의 대통령보다 연구비 걱정하며 실험하는 연구자로 사는 것이 훨씬 더 행복할 것 같다.

이러한 당면 문제들 탓에 최근 보건복지부에서는 초고령화 사회에 대응하기 위하여 기초연금 지급 대상을 늘리고, 60세 이상 저소득층 노인을 위해 의료비 지원 제도도 정비할 예정이라고 발표했다. 그 외에 노인 돌봄 시스템과 노인 일자리 구축 등 많은 고민이 엿보인다. 국가적으로도 다양한 분야에서 미래를 대비하고 있다.

한국인의 연도별 기대수명의 변화

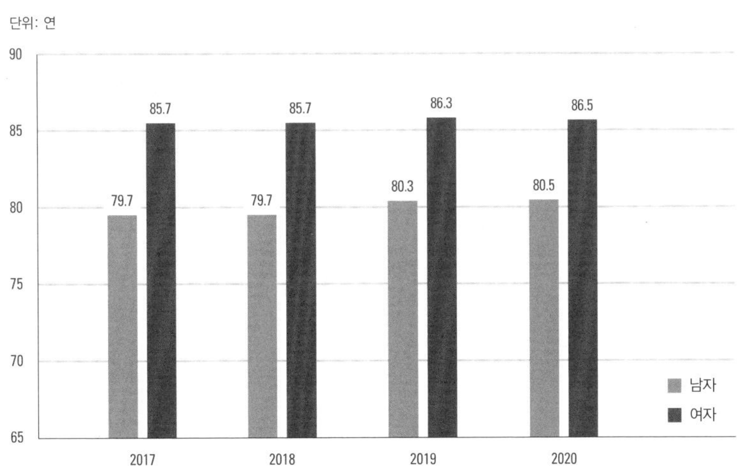

ⓒ 통계청, "생명표, 국가승인통계 제101035호"

UN 자료를 통해 본 대한민국의 초고령사회 예측 전망

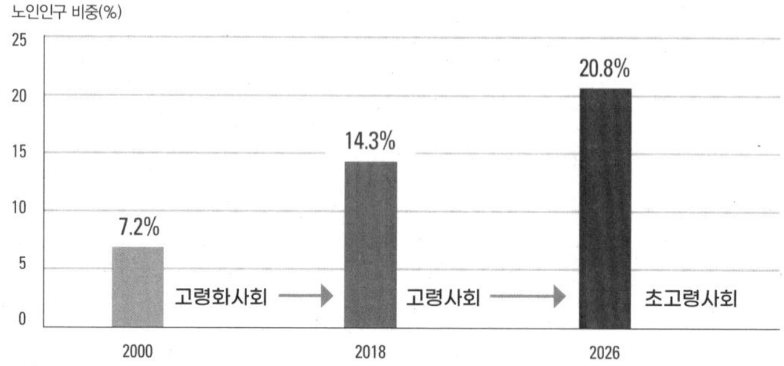

▲ 2018년 7월 고령사회 진입(노인인구 비중, %) ⓒ 통계청

우리나라는 2018년 7월 기준으로 '고령화사회aging society'에서 '고령사회aged society'로 진입했다. 2026년에는 65세 이상 노인의 인구 비중이 전체 인구의 20.8%에 이르며 '초고령사회super-aged society'에 도달할 것으로 전망된다.[07]

노인은 만성 질환, 인지 장애, 시청각 장애, 노쇠 등 육체적·정신적 건강이 훼손될 다양한 요인을 내재하고 있다. 따라서 건강을 유지하기 위해서는 적절한 예방과 관리를 하는 것이 중요하다. 우리가 불멸의 삶을 사는 것은 아니라서 쇠퇴하는 체력은 어쩔 수 없지만, 여생의 대부분을 질병과 싸워야 한다면 정신적·육체적 고통은 물론이고 경제적 압박도 상당한 부담이 될 수밖에 없다.

2020년 보고된 자료에 따르면, 2019년 한 해 동안 각 가정의 가계

07 UN은 65세 이상 고령인구 비율이 7%를 넘으면 고령화사회, 14%를 넘으면 고령사회, 20% 이상이면 초고령사회로 분류했다.

지출 항목을 살펴보니 교육비 부담은 감소하고 보건의료비 비중은 증가했다고 한다. 이는 저출산, 노인 인구 증가의 영향 때문으로 해석되었다. 따라서 경제활동이 가능한 노동인구의 감소는 가정과 국가의 궁핍한 미래를 초래할 수도 있다.

이러한 상황을 반영하듯, WHO는 노인 인구의 비중 확대로 지속적인 관리의 필요성을 들어 경제적·사회적으로 가장 큰 부담이 되는 4대 만성 질환(심혈관 질환, 당뇨병, 만성 호흡기 질환, 암)을 선정한 바 있다. 이들 질병을 예방하고 관리함으로써 건강수명을 연장하고, 사회·경제적 비용 부담을 감소하기 위해서다. 단순히 '얼마나 오래 사는가.'가 아니라 '얼마나 오래 타인에 의존하지 않고 일상생활 기능functional ability을 유지하는가.'에 중점을 두어 삶의 질을 고민하게 된 것이다.

화학물질이 건강을 훼손하는 중요한 원인 중 하나로 지적받고 있는 것은 명확한 사실이다. 그러나 우리가 화학물질을 멀리하고 살아가기에는 너무 오랫동안 그 혜택 속에 살아왔다. 지금 가능한 것은 화학물질이 가져온 삶의 편리함과 풍요로움으로 인해 잠시 간과했던 화학물질의 안전성에 대해 한 번 더 점검하고 도출된 문제점을 보완할 방법을 찾아 해결하기 위해 노력하는 것이다. 그것이 우리와 후손에게 가장 중요한 '건강'과 '안전한 세상'을 물려주는 방법이다. 이에 당면한 문제점과 필요한 사항들을 소개하려 한다.

제품 성분의 안전성 확보를 통한 국민 불안감 해소

과학기술의 발전과 함께 국민의 삶은 몰라보게 편리해지고 윤택해졌지만, 일상생활에서 접하게 되는 화학물질도 더욱 다양해졌다. 종류만 늘어난 것이 아니다. 같은 화학물질이라도 그 양이나 사용 빈도가 높아졌다.

국가통계포털에 따르면 2016년 화학물질 유통량과 생산량은 각각 5억 5,860만 톤, 3억 7,820만 톤으로 2014년 대비 각각 12.4%, 16.9% 증가한 것으로 조사되었다. 또한 한국산업안전보건공단에서 실시한 조사에 따르면 유기화합물, 산, 알칼리와 같은 관리대상 유해물질과 제조금지 유해물질 등 위험물질의 연간 생산량은 2014년 427만 톤에서 5억 8,975만 톤으로 증가했다.

2014년부터 2019년까지 화학물질 취급 사업장의 수는 큰 변화를

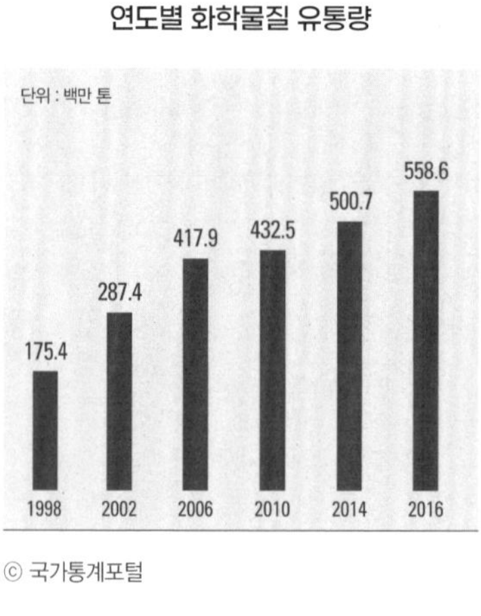

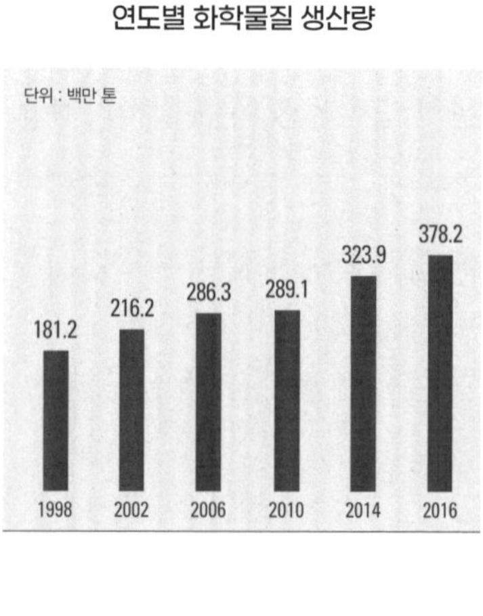

ⓒ 국가통계포털

나타내지 않았으나, 연간 취급량은 오히려 증가하는 추세를 나타내기도 했다. 특히, 유해 화학물질의 유통량이 2014년에서 2016년 사이에 8.5% 증가했으며 콜타르, 카드뮴과 같은 주요 발암물질의 생산량도 증가한 것으로 조사되었다.

최근 5년간(2014~2019) 화학물질 취급 사업장 수(개)와 유통량 변화

화학물질별		취급 사업장 수(개)			연간 취급량(톤)		
		2014	2019	증가량	2014	2019	증가량
제조금지 유해물질		-	36	36	-	2,680	2,680
허가 대상 유해물질		1,625	67	-1,558	394,937	1,013,654	618,717
관리 대상 유해물질	유기 화합물	24,542	20,229	-4,313	89,881,029	3,424,336,764	3,334,455,735
	금속	18,716	16,815	-1,901	589,919,214	287,470,265	-302,448,949
	산과 알칼리	7,709	8,038	329	35,792,543	107,985,141	72,192,598
	가스상 물질	1,096	1,053	-43	35,412,438	261,019,682	225,607,244
작업환경 측정대상 유해물질	금속 가공유	14,707	15,099	392	237,256	421,902	184,646
	분진	14,653	16,820	2,167	511,954	361,062	-150,892
노출 기준 제정물질		32,561	30,021	-2,540	378,782,561	919,904,279	541,121,718
위험물질		6,213	5,382	-831	273,231,613	1,704,058,346	1,430,826,733
기타 물질		11,217	13,005	1,788	15,999,086	30,936,348	14,937,262

ⓒ 국가통계포털

연도별 주요 발암물질 생산량

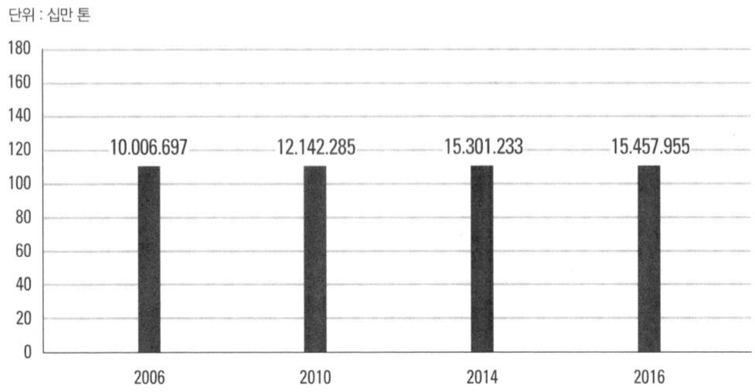

화학성분	2006	2010	2014	2016
포름알데히드	498,902	206,753	214,808	205,313
카드뮴	3,342	4,066	5,959	6,362
콜타르	420,896	463,262	390,563	783,730
석영	144,445	13,342	845,974	875,447

ⓒ 국가통계포털

그런데 이렇게 사용량과 종류가 급증하고 있는데도 국민이 겪고 있는 건강상의 위험인 '위해도health risk assessment'를 평가하기가 어렵다. 건강 위해도를 평가하기 위해서는 가정, 직장, 학교 등 다양한 환경과 일상생활에서 소비하는 제품을 통해 노출되는 화학물질의 양(노출평가)과 해당 화학물질의 유해성 자료hazard assessment가 필요한데, 단일 물질의 노출량을 산출하는 것이 현재로서는 불가능하기 때문이다.

더구나 국민은 아직 사용하고 있는 제품들의 성분조차 제대로 알고 있지 못하다. 돌이켜보면, 과거에도 기업 유지를 위한 기밀사항이라는 이유로 일부 주요 성분만 제품설명서에 기록하는 것이 당연하다고 생각했었다. 그러나 가습기살균제 사건 이후, 화학물질의 안전성 확보에 대한 국민의 목소리가 높아졌다. 특히 '아기에게도 안심', '99.9% 살균효과', '안전한 원료물질'을 강조하던 제품에서 가장 많은 피해자가 발생하면서 국민이 느끼는 불안은 더욱 커질 수밖에 없었다.

가습기살균제 사건뿐만 아니라 구미 불산 누출 사고, LG폴리머스 인도공장 스타이렌 가스 누출 사고, 생리대 사건, 다이소 아기 욕조 유해물질 검출 사건 등 화학물질의 유해성을 피부로 느낄 만한 사건·사고들이 최근 몇 년 사이에 끊이지 않고 일어났다. 덕분에 화학물질에 대한 불안과 관심이 최고조에 이르며 케모포비아 현상까지 발생했다.

이에 환경부에서는 '초록누리'를, 환경운동연합에서는 '화원'이라는 홈페이지를 개설하여 국민이 일상생활에서 접할 수 있는 제품에 함유된 화학물질의 전체 성분을 각 업체가 자발적으로 공개할 것을 권장하고 있다. 그러나 극히 일부 제품만 전체 성분을 공개하고 있을 뿐, 기업 대부분은 여전히 전체 성분을 공개하는 것을 꺼리고 있다. 특히 각 성분의 함량을 표시한 제품은 전혀 찾아볼 수가 없다.

이제 국민이 원하는 것은 예전처럼 짧은 시간에 다량의 화학물질에 노출되어 일어나는 급성 건강 영향이 아니다. 전 생애를 통해 반복적으로 사용하더라도 안전하게 살아갈 수 있는 허용기준치에 대한 과학적 근거이다.

지금까지 공지된 화학물질의 독성 데이터는 대부분 생존과 관련된 농도를 나타낸다. 즉, 한 번 주사했을 때, 한 번 발랐을 때, 한 번 호흡했을 때, 한 번 먹었을 때, 50%가 사망하는 농도이다.

사회·경제가 발달하고, 산업이 발달하며, 보건복지가 발달한 만큼 뒷받침되어야 할 것이 늘어나는 노출 빈도와 노출량을 고려한 화학물질의 독성 자료일 것이다. 다시 말하지만, 우리가 꿈꾸는 것은 무병장수이지, 유병장수가 아니기 때문이다. 내 병간호를 위해 나의 아들이 인생을 포기하는 것을 보며 행복할 부모가 어디 있을까? 내가 제안하고 싶은 것은 시험법과 시험물질에 대한 개혁이다.

첫째, 단일물질로 시험한 독성 자료를 이용한 정책방향을 개발할 수 있는 시기는 이미 지났다고 생각한다. 이젠 다양한 성분이 복합적으로 함유된 제품의 판매를 승인하기 전에 제품의 생산, 사용과 폐기 과정을 고려한 노출 시나리오에 맞는 안전성 검증cocktail effects이 확보되어야 한다.

둘째, 시험법의 변화가 필요하다. 이 문제는 2020년 살균·소독제 논문에 대한 보도자료를 본 기업들이 보낸 메일을 통해 알게 되었다. 안전성 평가에 필요한 비용과 시간이 살균·소독제 제조 및 판매 회사를 운영하는 영세 기업의 입장에서는 너무 큰 부담이 된다는 것이다. 그도 그럴 것이 90일 만성 흡입독성 시험에 필요한 비용이 약 5억 정도이고, 비용을 들여 시험할 수 있는 국내 기관의 수도 극히 한정적이다.

그렇다고 과학적인 논리가 보증되는 것도 아니다. 단지 국제 시험법이 그런 것뿐이다. 그렇다면 과감히 변화를 일으킬 필요가 있다. 소비자가 보다 안전하다고 느끼고, 과학적으로 신뢰할 수 있다면 우리가 선도한 시험법이 국제적으로 인정받지 못할 이유가 없다.

특히 스프레이 타입 소독제는 피부 독성시험과 함께 호흡기 독성시험이 이루어져야 하는데도 '급성경구독성시험(혹은 그에 해당하는 시험)'만으로 판매를 승인하고 있다는 것은 시급히 해결되어야 할 문제라고 생각된다.

제도적 허점도 문제다. 2021년 2월 9일에 다이소 아기 욕조에서 기준치의 600배가 넘는 유해물질이 검출되어 소비자 3천 명이 집단 소송을 걸었음에도, 국가통합인증마크, KC Korea Certification 인증제도에 허점이 있어 다이소에 직접 법적인 책임을 묻긴 어렵다고 담당 변호사가 밝힌 바 있다. KC 인증을 처음 획득하던 당시에는 유해물질이 검출되지 않았으나, 이후에 제조 원료와 소재가 바뀌면서 기준치의 600배 이상 초과했는데도 파악하지 못하는 등 사후관리가 이루어지지 않았던 것이 문제였기 때문이다.

독성 관련 전문인력과 기관의 충원이 필요하다

신기술과 신산업의 발달로 새로운 화학물질이 평균 27초에 1개씩 미국 화학물질 등록시스템에 등록되고 있다. 우리나라에서도 2030년까지 '화학물질의 등록 및 평가 등에 관한 법률'[08]에 등록될

08 모든 신규 화학물질과 연간 1톤 이상 제조·수입·판매되는 기존 화학물질을 의무적으로 유역환경청 또는 지방환경청에 등록하여 화학물질의 용도 및 제조·수입·판매량 등에 대해 보고하고 유해성, 위해성을 심사·평가받아야 한다는 내용의 법. 2011년 '가습기살균제' 사망 사건을 계기로 화학제품에 대한 관리 강화 필요성이 대두하면서 2013년 5월 22일 제정된 법으로, 2015년 1월부터 시행되고 있다. 네이버 지식백과, 화평법(매일경제, 매경닷컴) 참조.

물질 수는 대략 7,343종으로 예상된다.

이렇게 많은 화학물질의 유통은 '물질안전보건자료'가 있어야만 가능하다. 그러나 신규 화학물질의 개발 속도보다 유해성을 평가하는 시간이 너무 오래 소요된다. 결국 충분한 검증이 이루어지지 않은 채 생산 및 연구 현장에서 유통되는 일이 발생하고 있다.

그 대표적인 예가 나노물질이다. 우리나라는 지금 국가 차원의 나노 소재 기술개발 사업을 시행하는 중이다. 나노물질은 원료가 동일해도 제조과정에 따라 서로 다른 특성을 가진 최종 산물이 만들어질 수 있다. 물리·화학적 특성이 다르다는 것은 독성이 달라질 수 있다는 의미이다. 규제 및 관리를 위한 가이드라인도 이에 맞게 바뀌어야 한다.

여기서 가장 안타까운 사실은 산업 성장 및 기술개발에 초점을 맞춘 국가 정책으로 안전성 검증에 필요한 인프라 확보가 어렵다는 것이다. 옛말에 소 잃고 외양간 고친다는 말이 있다. 전쟁 후 급성장한 경제 발전 속에서 환경오염 문제는 어두운 그림자로 남아 그 부담은 고스란히 우리 자손들에게 전가되었다.

물론 기성세대에게도 변명할 여지는 있다. 먹고살 길이 막막하던 시절, 가족들을 먹여살리는 데 집중한 나머지 미래 세대에게 또 다른 부담이 전가될 수 있다는 것을 미처 고려하지 못했다. 그러나 지금은 다르다. 우리는 이미 많은 국내외 역사적 사건을 통해서 소비자의 안전을 확보한 제품을 만드는 것만이 기업의 지속적인 성장을 보증할 수 있다는 것을 경험했다.

경험은 미래를 위해 쓰여야만 한다. 기업은 이제 제품의 안전성에 대한 충분한 검증을 위해 적극적으로 투자해야만 한다. 그리고 정부는 기업들이 요구하는 안전성 검증에 필요한 전문가 양성과 시설 확보에 총력을 기울여야 한다. 독성전문가는 초고령화 사회에서 급격히 증가할 것으로 예상되는 만성 질환과 환경성 질환의 예방과 환자 관리를 위한 정책 수립, 더 나아가 직업성 질환의 예방과 제품의 안전성 확보를 위한 국가 경쟁력 강화까지 국민 건강 및 지속적인 경제 성장을 유지하는 데 필수적인 일꾼으로서 역할을 할 수 있다고 확신한다.

기업이 가져야 할 사회적 책임과 사명

"건강한 국민, 병들지 아니한 국민만이 주권을 누릴 수 있다"

1928년, 다른 제약회사들이 자신의 제품을 만병통치약이라고 홍보할 때, 홀로 이름과 용도, 제품 개발에 관련된 의학박사와 약제사를 알리며 신뢰를 높였던 기업이 있다. 같은 시기의 다른 광고들이 특정 성분이나 기능의 일부 긍정적인 효과만 부풀렸던 것에 비하면 제품을 신뢰하기에 충분한 근거가 있어 특별했다.

이 기업은 정치와 결탁하지도 않았다. 소위 정치자금을 지급하는 일도 없어서, 그에 대한 보복으로 강도 높은 세무 조사와 제품 조사를 받았다. 당시의 담당 세무조사원이 "털어서 먼지 안 나는 사람이 진짜 있었구나."라고 회상했을 만큼 모든 면에서 깨끗하고 투명한 기업이었다. 심지어 꼬투리를 잡기 위해 실시한 제품 조사에서도 제조

과정에서 발생할 원료 손실을 고려해 정량보다 더 넣어 최종 제품의 성분 함량을 유지했다고 한다. 이 기업이 바로 가족경영과 정경유착, 경영세습을 물리치고 대한민국 최초로 전문 경영인에게 경영권을 인계한 '유한양행'이다.

창업주 유일한 박사가 가졌던 올곧은 경영이념은 그가 떠난 지 50년이 지난 지금까지도 회자될 만큼 특별하다. 그런데 유독 나의 눈길을 끄는 것은 '유한양행'을 경영하며 국민의 건강을 얼마나 중요하게 생각했는지를 알 수 있는 그의 한마디다.

"건강한 국민, 병들지 아니한 국민만이 주권을 누릴 수 있다."

국민주권이란 국민이 대의 기관을 통하거나 입법과 국정國政 사항에 직접 참여하여 결정할 수 있는 권력으로 민주주의의 기본 원칙이

▲ 부천시 중앙공원에 있는 유일한(1895~1971) 박사상

다. 일제강점기와 한국전쟁을 직접 경험한 그는 어려운 시대를 살아낸 국민의 모습을 직접 목격한 사람이었으니 건강해야만 중요한 권리를 누릴 수 있다고 여겼을 것이다.

유일한 박사의 이런 신념이 꼭 의료 기업에만 필요한 것은 아니다. 어쩌면 그는 자신의 사업과 관련하여 이 같은 신념을 가졌겠지만, 국민의 건강과 직결되어 엄중한 책임이 필요한 제품이 어디 의약품뿐일까. 숨 쉴 때, 피부에 닿을 때, 입으로 섭취할 때 등 모든 순간, 모든 상황에서 국민의 건강이 고려되어야만 하는 것이 기업의 책임이자 기본 자세다.

이 글을 쓰고 있는 동안에도 유해 화학물질이 검출된 장난감·학용품 소식이 들린다. 잊을 틈도 없이 이런 소식이 반복적으로 들리니 이제 놀랍지도 않다. 허용기준치를 수십 배 혹은 수백 배 넘는 유해물질이 나온 제품, 사용을 제한하는 방부제를 넣어 제품을 만든 이들에게 책임감을 기대하는 것은 무리일 것 같다. 설마 내 아이, 내 가족만 쓰지 않는다면 상관없다는 생각이었을까? 그들에게 물어보고 싶다. 수은이며 비소가 검출된 자신들의 제품을 자녀들도 사용하고 있는지.

유사 과학을 상술에 이용하지 말자

한때 과학이 어리석고 맹목적인 신념을 가졌던 시절이 있었다. 세상에서 가장 완벽한 물질이 금이라 믿으며, 납이나 구리처럼 값싼

금속으로 금을 만들 수 있다고 확신했다. 지금 생각하면 정말 엉뚱한 노력이었다. 그러나 연금술사라 불린 이들이 금을 만들기 위해 원소와 원소를 섞어보며 도전을 지속한 끝에 오늘날 화학이 발전할 수 있었다.

연금술은 빠르게 인간의 두 가지 탐욕의 정점을 찍었다. 동양에서는 불로장생의 영약을 만들겠다는 욕심으로, 서양에서는 부를 가져다줄 금을 만들기 위한 목적이었다. 부자가 되어 병들지 않고 오래 살고 싶다는 인간의 욕망이 발전시킨 연금술은 무려 2천 년이나 지속됐으며, 18세기에 들어서면서 차츰 사그라들었다. 당연히 아무도 금을 만들지 못했다. 불로장생의 약을 만드는 것도 실패했다.

비록 부와 영생을 이루어주리라 믿었던 연금술은 실패로 끝났지만, 인간의 탐욕은 아직도 끝나지 않은 듯하다. 반짝이는 금을 동경하는 마음은 금처럼 보이는 도금법을 발전시켰고, 불로장생의 꿈은 건강의 비법이라며 수많은 정체 모를 제품으로 재등장하고 있기 때문이다.

대표적인 것이 '라돈 침대 사건'이었다. 다시 말하지만, 음이온이 건강에 좋다는 과학적인 근거는 어디에도 없다. 명백히 허위이며, 과학이라는 가면을 쓰고 소비자를 현혹하는 상술이자 사기에 불과하다.

어떤 이유에선지 건강에 좋다는 상술로 소비자를 현혹하는 제품들은 대부분 일본을 통해 국내로 들어왔다. 선진국인 일본에서 근거 없는 제품을 팔았겠냐고 묻는 사람들이 없었으면 한다. 노벨상 수상자가 28명이고, 그중 화학상이 8명, 생리의학상이 5명이나 배출된 일본에서 이런 사이비 과학이 판을 치는 이유를 나로서도 설명할 길이 없다. 건강한 삶을 누리길 원하는 인간의 마음에 파고든 상술의 성공 사례라고 할 수밖에.

다시는 과학을 빙자한 이런 사기 제품들이 판치지 않았으면 한다. 최악의 경우는 생명과 직결되는 대형 피해를 낳겠지만, 허위광고로 소비자를 우롱하고 있다는 사실만으로도 죄를 피하기 어렵다. 아직도 이런 제품을 만들어 판매하고 있는 기업들에 당부하고 싶다. 근거도 없는 유사 과학을 상술에 이용하지 말자.

품질은 안전성이 담보되어야 한다

새로운 화학물질의 등장은 신기능의 제품과 직결되는 경우가 많다. 설령 그렇지 않더라도 해당 제품 고유의 특성과 기능을 더욱 높이거나 부각하기도 한다. 이러한 기능은 분명 소비자에게 유익할 수 있다. 반면, 노출 시나리오를 반영한 건강 영향이 충분히 검증되지 않은 채 판매된다면 예상치 못한 문제가 발생할 수 있다. 그 대표적인 사례가 '가습기살균제 사건'이다.

유공(SK케미칼, 현 SK디스커버리)은 1994년에 가습기살균제 '가습기메이트'를 처음 출시했으며, 옥시, LG생활건강, 애경산업 등도 유사 제품을 연달아 생산·판매하기 시작했다. 특히, 옥시는 상표에 '아이에게도 안심'이라는 문구를 넣어 소비자들을 안심시켰다.

이들 제품에는 PHMG, PGH, MIT/CMIT(제품명, Kathon), BKC 등의

화학물질이 사용되었으며, 판매가 금지된 2011년까지 18년여 기간 동안 총 43여 종의 가습기살균제가 약 998만 개 이상 팔려나갔다.[09]

놀라운 것은 1991년 미국 환경보호청EPA이 MIT/CMIT를 2급 흡입독성물질로 지정했음에도 불구하고, 이들 제품의 개발부터 판매까지 흡입독성에 대한 검증은 이루어지지 않았다는 사실이다.

더욱 놀라운 사실이 또 있었다. 토끼를 대상으로 한 '안구 독성 실험'[10]에서 그 독성이 매우 심각하다고 판명되었음에도 제품설명서에는 독성이 가볍다고 기재했다는 사실이다. SK케미칼 직원들은 이에 대해 '단순 실수'라고 해명했다고 한다.

사회적 참사 특별조사위원회가 발표한 자료에 따르면, 2020년 7월 17일 기준 제품 사용으로 인한 사망자가 1,553명이고, 건강피해 경험자는 67만 명에 이른다. 단지, 호흡기 건강을 위해 마트에서 구입한 제품을 썼다는 이유만으로 1,500명이 넘는 사람이 사망했다.

화학물질의 독성은 다양한 노출 환경에 따라 달라질 수 있다. 호흡기로 유입될 수 있는지, 눈이나 코에 닿아도 문제가 없는지, 각 연령층 모두에게 안전한 것인지 모두 확인해야만 최소한의 안전성 검증이 이루어졌다고 말할 수 있다. 가습기도 차가운 물을 그대로 사용하는 제품과 가열하여 따뜻한 수증기를 분출하는 제품이 있다. 화학물질이 어떤 상태에서 어떤 경로를 통해 인체에 유입될 수 있고, 또

09 사회적 참사 특별조사위원회 홈페이지, "가습기살균제 참사의 진실_빼앗긴 숨", 환경보건시민센터 보고서 296호 참고.

10 MBC 〈스트레이트〉 2021. 3. 28. 보도 참고. 1997년, 영국 헌팅던생명과학이 가습기살균제의 원료 PHMG에 대해 토끼를 대상으로 '안구 독성 실험'을 실시했다.

그렇게 유입된 화학물질이 어떤 독성을 유도할 수 있는지에 대해 충분히 고려되지 않는다면 안전성 검증이 완벽하게 이루어졌다고 말하기 어렵다.

기업이 자사의 제품을 구매해줄 소비자의 건강을 고려하지 않는 것은 무책임보다 배신에 더 가깝다. 독성 실험은 한 가지라도 더 해야 할 이유는 있어도 생략할 이유는 없다. 하물며 신제품을 향한 연구 개발의 노력 이상으로 중요한 것이 그 제품을 사용할 국민의 건강과 안전임을 결코 잊어서는 안 된다.

이윤을 뒤집으면 윤리, 사회적 책임이 필요하다

기업의 성장과 존속은 소속된 사회에서 꾸준히 '이윤'을 얻을 수 있어야만 가능하다. 그러나 기업의 활동이 지켜야 할 당연한 윤리에 어긋난다면 소비자들로부터 신뢰를 받을 수 없다. 성실한 세금 납부와 투명한 회계는 기본이며, 소비자의 권익을 보호하고 친환경 기업으로서 국민의 건강을 위해 제품의 안전을 지키는 기업만이 환영받는다. 더 큰 사회적인 책임으로 이윤을 사회로 환원하는 사회공헌활동까지 이루어진다면 최고겠지만, 전자만 이루어져도 기본적인 책임을 다하고 있다고 말할 수 있다.

요즘은 크건 작건 기업이 보이는 행보가 소비자들의 큰 반향을 불러일으킨다. 갑질이나 비윤리적인 활동으로 손가락질받는 나쁜 기업은 보이콧으로 대응하고, 사회적 책임을 마다하지 않는 기업(혹은 소상공인)에는 바이콧buycott[11]으로 '돈쭐'을 내는 적극적 행동을 보인다. 기업의 부정적인 이미지에만 반응하여 불매운동에만 집중했던 소비자의 행동이 '가치소비'로 확장된 것이다.

물론 소비자의 바이콧 활동을 유도하기 위해 기업의 이미지를 긍정적으로 만드는 홍보 마케팅은 지양해야 할 일이다. 중요한 것은 묵묵히 사회적 책임을 마다하지 않는 기업이 반드시 소비자로부터 사랑받는다는 사실이다.

아이러니한 일이지만, 우리는 일상을 유지하기 위해 독성을 받아들일 수밖에 없는 삶을 살고 있다. 미세플라스틱 문제가 심각한 걸 알면서도 플라스틱 제품을 버릴 수 없고, 반도체 없이는 불가능한 세상이므로 반도체 생산에 이용되는 화학물질이 위험한 줄 알면서도 사용할 수밖에 없다.

환경은 마이너스 통장과 같다. 채우지 않고 쓰기만 한다면 언젠가는 환경이 파괴되고, 결국 우리의 생존 자체가 불가능하게 된다. 숲을 만들면 자연적인 공기청정기가 되어 미세먼지를 차단해줄 수 있지만, 지금 당장 삶에 필요하다고 나무를 베고 녹지를 없앤다면 채우지 않고 꺼내어 쓰기만 하는 통장과 무엇이 다를까.

기업 스스로 환경을 '채우지 않는 마이너스 통장'처럼 쓰고 있는 것이 아닌지 고민해야 한다. 산업체 공장에서 배출되는 연기에 포함된 대기오염 유발 독성물질을 줄이려는 노력, 하천을 오염시키는 공장 폐수를 함부로 버리지 않는 자세, 사용하는 화학물질을 안전하게

11 구매를 적극적으로 장려하는 행동. 최근 제품을 바이콧하는 가치소비가 늘고 있다.

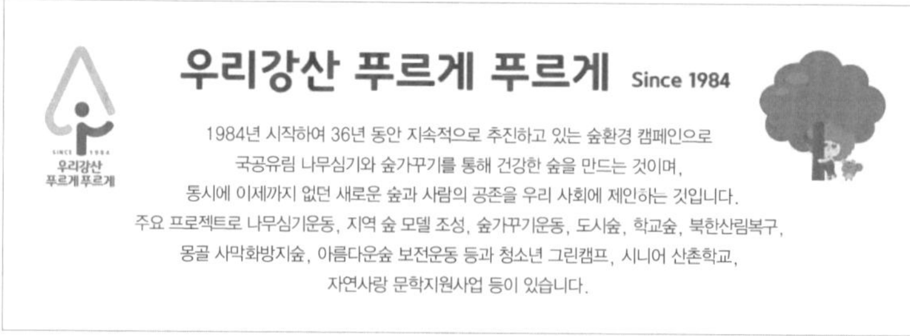

▲ 유한킴벌리의 '우리 강산 푸르게 푸르게' 캠페인
ⓒ 유한킴벌리 홈페이지(https://www.yuhan-kimberly.co.kr)

관리하여 근로자와 인근 주민들의 건강을 지키려는 노력 등 기업에는 반드시 지켜야 할 윤리적인 자세가 있다.

더불어 환경이라는 통장을 채우는 노력까지 해준다면 금상첨화다. 나무를 베어 종이를 만드는 기업은 나무를 심고, 플라스틱을 써야만 하는 기업은 미세플라스틱을 줄이려는 노력이 필요하다.

다행인 것은 최근 들어 이런 사회적 책임을 받아들이는 기업들이 늘고 있다는 사실이다. 나무를 베어 만든 종이로 화장지를 만들었던 유한킴벌리는 '우리 강산 푸르게 푸르게'라는 슬로건을 내세우며 37년간 5,400만 그루의 나무를 심었다. 스타벅스는 친환경 원두와 종이 빨대를 사용하기 시작했으며, 맥도날드는 폐식용유로 바이오디젤을 만들고 친환경 재생용지를 포장 봉투로 사용하고 있다. 또한 우리나라의 대표적인 자동차 회사인 현대자동차는 글로벌 생태복원 사업을 진행 중이다.

'이윤'을 뒤집으면 '윤리'다. 윤리는 지키지 않는 사람과 기업에 굉장히 어려운 말이지만, 지키고자 하는 사람에게는 긍정적 이미지

이건 경제적 이익이건 '이윤'을 안겨준다. 독성학자로서 기업들에 부탁하고 싶다. 이미 노력을 기울이고 있겠지만, 조금 더 윤리적인 기업 활동으로 우리의 환경을 위해 애써주었으면 한다. 그것이 우리가 삶을 영위한 대가로 얻게 되는 독성 오염물질을 줄이고 더욱더 안전한 세상으로 나아가는 지름길이다.

생활 속 화학물질로부터 건강을 지키는 법

햇빛도 때로는 독이다

초판 1쇄 발행 2022년 2월 15일
초판 4쇄 발행 2023년 9월 15일

지은이 박은정
펴낸이 한균태
책임편집 최정미
디자인 정서영

펴낸곳 경희대학교 출판문화원
주소 서울시 동대문구 경희대로 26
전화 02-961-0106~8, 팩스 02-961-0291
설립 1960년 9월 16일 제5-8호
등록 1977년 11월 8일 제6-5호
홈페이지 www.khupress.com
전자우편 press@khu.ac.kr

ISBN 978-89-8222-715-8 (03400)